集人文社科之思　刊专业学术之声

集 刊 名：中国海洋社会学研究
主办单位：中国社会学会海洋社会学专业委员会
承办单位：上海海洋大学
主　　编：崔　凤

Vol.9 Chinese Ocean Sociology Studies



第9期

集刊序列号：PIJ-2013-070

中国集刊网：www.jikan.com.cn

集刊投约稿平台：www.iedol.cn

高水平地方高校试点建设项目——上海海洋大学资助

# 中国海洋社会学研究

Chinese Ocean Sociology Studies Vol.9

崔凤 主编

2021年卷 总第9期

社会科学文献出版社
SOCIAL SCIENCES ACADEMIC PRESS (CHINA)

# 卷首语

《中国海洋社会学研究》不知不觉已经来到了第九个年头，2021 年卷总第 9 期即将出版。

本期推出了五个专题，分别是“海洋社会学基础理论”“渔民群体与渔村社会”“海洋文化产业与旅游”“海洋生态与海洋环境”“海洋文化交流与传播”，其中前四个专题在之前的各期中均有出现，已经成为国内海洋社会学研究的重要领域。在这些研究领域中，已经聚集了一些研究力量，持续地出现了一些研究成果，也产生了重要的学术影响。

在“海洋社会学基础理论”专题，三位学者针对时下热议的海洋治理与“海洋政治学”问题，从社会学的角度进行了概念阐释及理论建构。张良聚焦于国家海洋督察的限度及其完善问题，在考察其运作特征的基础上，分析其成效与限度，并提出改善策略。张良指出，国家海洋督察具有针对性强、问题明确、中央介入、高位推动、有专门的督察组织、进驻时间短、督察力度大、注重整改时效和成效等运作特征，同时其运作特征在决定了其具有独特的监督检查效果的同时，也决定了其限度。在未来的国家海洋督察实践中，有必要在督察效力、人员配置、督察转变、常态化机制建立方面进行进一步完善。黄建钢则关注“海洋政治学”的学科构建问题，从必要性、创新性、可行性三个方面对“海洋政治学”进行了深入研究。黄建钢认为，当前对“海洋”的研究尚停留在“科技”和“经济”层面，而对“海洋”的政治学研究才具有高屋建瓴的性质。与此同时，他对“海洋政治学”的研究框架进行了探索，认为“经略海洋”政治学、“海洋制度”政治学、“海洋三权”政治学、“公共海洋”政治学、“包容海洋”政治学、“‘一路’倡议”政治学可作为切入政治学学科研究的六个维度。最后在创新性方面，黄建钢认为“海洋政治学”研究需要在研究思路、研究方法、“观点”、“论点”等方面进行可行性的创新。于航重点关注海洋治理理念转换的研究意义，其在回溯海洋治理理念发展过程的基础上，阐述了海洋治理理念转换的研究意义。于航认为，海洋治理理念转换研究，实质上是通过研究其转换过程来把握海洋治理理念是如何发展的，以此掌握其发展规律，以便更好地探讨未来何种海洋治理理念是符合规律的、合理的、合乎现实的。同时，他指出，海洋治理理念转换的研究具有为未来海洋治理活动提供依据、反思既存话语体系、解构话语霸权、为旧有理论的反思提供方法与工具等意义。

在“渔民群体与渔村社会”专题，各学者对渔民的社会保障、老年渔民的获得感、海岛乡村人才振兴等民生问题给予了重点关注。其中高法成、何德卓以广东湛江沿岸捕捞渔民的社会保障状况为例，着重从渔民的社会保障组成、落实和渔民对社会保障的认知感受、期待等方面进行分析，探究沿岸捕捞渔民社会保障体系的现状和存在的问题，从而提出相应的对策。针对当前存在的渔民对社会保障的参与度不高、信心不足，社会保障制度自身管理体系不够完善，在执行、落实方面存在短板等问题，作者们指出，渔民社会保障的参与者和领导者应双向发力，推动社会保障尽快落实。张雯、文雅从海洋社会学的视角关注海岛老年渔民的获得感问题，通过对浙江舟山市两座海岛进行调查，分析指出了老年渔民的获得感存在社会支持不足的客观原因，“与自己的过去相比较”“与年轻的渔民相比较”“与其他职业人群相比较”对老年渔民获得感的主观体验有着较大的影响。同时，两位作者提出，海洋社会变迁与老年渔民的获得感不足有着密切关联，并从政策、实务层面提出了相应的对策建议。陈莉莉等基于扎根理论的视角，探究影响舟山海岛新农村人才振兴的因素，得出了四个作用程度各不相同的影响因素。其中，政府重视是核心因素，本土人才开发是关键因素，外部人才引进是重要因素，完善的人才振兴机制是根本因素。同时，针对海岛留人难、聚才难、岛民缺乏本领和海创精神不足的现状，作者们提出了健全人才服务机制、打造海岛乡村人才“磁场”、提升当地岛民技能、培养海创精神等对策建议，从而为舟山海岛乡村实现人才振兴提供思路及借鉴。罗余方等则以广东湛江硇洲岛为例探讨我国休渔制度下行政管理体系与渔民的交互性影响问题。通过对休渔制度和休渔政策在基层的推进和落实进行分析，罗余方等提出，休渔期治理困境主要是由于主体间良性交互的缺乏，即当地休渔期所暴露的问题与参与休渔期互动的三个主要主体——基层政府、村（居）委会、渔民缺乏良性交互密切相关，要解决当前的困境，不能割裂上述主体中的任意一方。同时，罗余方等通过运用交互理论分析不同主体视域下休渔期困境及其原因，提出了优化休渔期基层治理的策略与方法。

在“海洋文化产业与旅游”专题，诸位学者聚焦于海洋文旅和海洋文化产业两个主题。崔凤、董兆鑫着眼于海洋文化与旅游的融合发展，在指出海洋文化旅游发展过程中滨海旅游人文内涵缺乏的基础上分析其成因，同时针对海洋文化的旅游价值，提出促进海洋文化与旅游融合发展的必要性及政策建议，即应遵循海洋实践的规律，培养海洋社区的文化认同感，创新海洋文化旅游产品。陈晔以海洋文化为研究视角来看待上海文化的开放性问题，在历时性地梳理了上海开放性文化特点的同时，也分析了上海“因海而生，因海而兴”，海洋在促进人与人合作、推进商业发展、促进人员流动、造就并增强上海文化开放性的过程中发挥的重要作用。徐洪绕关注江苏海洋文化产业区域平台构建的路径发展问题，在厘清江苏海洋文化产业现状的基础上，指出了江苏海洋文化产业在海洋文化产业思维、海洋经济结构、海洋产业综合创新创意、海洋文化产业平台等方面存在的不足，进一步指出了江苏海洋文化产业区域平台构建应在要素资源、顶层设计、管理体制、基础能级、产业链、建设发展动能、平台界域方面持续发力。许冰晨等则主要聚焦于海岛型景区的交通问题。通过对山东长岛现有的旅游交通服务体系进行分析，在指出当前存在交通信息传达不畅、公共交通供给不足等问题的同时，他们有针对性地给出了现代化治理水平提升建议，包括加强智慧平台建设、加强慢行道系统建设、引导私人车辆规范进入服务平台、加强交通高峰时期车辆“游居”分流的管理，以此提升游客交通服务体验，协调游客与居民的出行关系。

在“海洋生态与海洋环境”专题，诸位学者针对当前备受关注的海洋生态文明建设与海洋灾害防治问题进行了多视角的分析与解读。其中，王书明、王甘雨从文献研究出发，从社会学视角对海洋酸化的机理、影响和治理对策进行了梳理，并提出了应对海洋酸化的策略，即推进科学技术研究、提高理论认知与实际应对水平、通过嵌入式策略构建海洋酸化全球治理的制度、推行“保护、减缓、适应”策略等。同时，王书明、王甘雨指出，海洋酸化理应是社会学拓展新边界、创新思想与范式的重要问题域。

王建友立足于“两山”理念，以浙江实践为样本分析了“两山”理念与海洋生态文明建设的关系、“两山”理念对海洋生态文明建设的作用及浙江海洋生态文明建设的新使命。“两山”理念与海洋生态文明建设具有耦合关系，“两山”理念引领浙江海洋生态文明建设，使其在制度创新、科学管理、市场化改革、以海定陆等方面走在前列。浙江海洋生态文明建设的新使命，即打通“两山”理念与“海洋命运共同体”理念的逻辑通道，为全球海洋治理提供浙江样本、浙江道路、浙江经验。高启栋聚焦于多源流理论视角下我国海洋灾害应急管理政策体系变迁研究，从政策体系变迁的时间维度看待整个海洋灾害应急管理政策体系的建设发展，从而深层次挖掘政策体系变迁过程的特征、机理和动力因素，进一步探求其建设完善的路径。与此同时，依据多源流理论对政策体系变迁的探究，他发现来自问题源流、政策源流、政治源流三方面的因素为政策体系变迁提供了动力和机会。

“海洋文化交流与传播”是创刊以来以独立栏目的形式首次呈现的，本专题虽然只有一篇文章，但希冀以此为起点，进一步拓展海洋社会学研究的空间与主题。在文章中，沈庆会副教授以 19 世纪前半叶西方人创办的中文报刊为研究对象，从传播内容、传播策略、传播效果等几个方面，考察了报刊与当时中国近现代海洋观形成之间的关系。

本期的论文如往期一样，主要来源于“中国海洋社会学论坛”。受疫情影响，第十一届中国海洋社会学论坛于 2020 年 10 月在线上举行，虽然是线上会议，但大家的积极性没有受影响，参与人数较多，会议效果也很好。2020 年注定是一个不平静的年份，疫情突袭而至，疫情防控成为政府以及社会各界各项工作中的重中之重。疫情的影响是方方面面的，不仅会影响生产和生活，而且会影响科学研究，尤其是以田野调查为主的社会学研究。这种情况对本期的征稿带来了一定的不利影响。虽然参与第十一届中国海洋社会学论坛的人数不少，但会后形成论文的较少，这就使得本期在征稿时遇到了前所未有的困难，这也是本期没有像以往那样在 7 月出版的原因之一。虽然如此，在编辑部的努力下，本期还是征集到了 15 篇论文，虽然比以往少了不少，但我们还是决定连续出版。

集刊的连续出版，最大的困难不是出版经费的问题，而是稿源问题。如果稿源充足，集刊的连续出版就不会是大问题。因此，在本期即将出版之际，在感谢各位作者以及上海海洋大学海洋文化与法律学院、海洋文化研究中心的支持，感谢编辑部的辛苦之外，还要呼吁学界同仁的大力支持，为集刊提供优质稿件，以让海洋社会学这棵树苗能够茁壮成长。

崔凤

2021 年 9 月 7 日于上海

# 目 录 Contents

## 海洋社会学基础理论



## 渔民群体与渔村社会

## 海洋文化产业与旅游



## 海洋生态与海洋环境



## 海洋文化交流与传播

# 海洋社会学基础理论

中国海洋社会学研究
2021年卷　总第9期
第3～14页


# 国家海洋督察的限度及其完善[*]

张　良[**]

**摘　要：** 近年来，国家日益重视海洋生态文明建设，自2017年8月以来，前后两批次对沿海的11个省、自治区、直辖市开展了第一轮国家海洋督察。国家海洋督察建立了政府内部的层级监督制度，有力地推动了地方政府在海洋资源环境方面问题的整改。本文主要考察国家海洋督察运作的特征，在此基础上分析其成效与限度，并提出完善策略。

**关键词：** 国家海洋督察　运动式治理　限度分析

2011年7月，国家海洋局颁布了《海洋督察工作管理规定》，其目的是进一步规范海洋行政行为，保障海洋法律法规和国家政策的贯彻实施。其督察对象主要为沿海各省、自治区、直辖市海洋厅（局），原国家海洋局北海分局、东海分局、南海分局。张新在其博士学位论文《海洋督察制度研究》中最早关注了国家海洋督察，他认为我国海洋行政监察制度存在以下问题：一是监察主体缺乏独立性，二是海洋行政监察体制运行效率不高，三是海洋行政监察内容不能满足客观需要，四是海洋行政监察法制不健全。

---

* 本文是国家社科基金新时代海洋强国建设重大专项课题“海洋强国战略下的海洋文化体系建构研究”（19VHQ013）的成果之一。

** 张良，中国海洋大学国际事务与公共管理学院副教授，研究方向为国家海洋督察、地方政府治理。

据此，他认为海洋行政监察制度应该增强行政监察机构的独立性、丰富海洋行政监察内容、健全海洋行政监察法律法规。[①] 华丽雯进一步提出，国家海洋督察存在着海洋督察员业务能力不强、海洋督察方式方法缺乏独特性、海洋督察机构与纪检等部门衔接不畅、地方政府海洋管理违法的体制性因素没有消除等问题，并有针对性地提出了对策建议。[②] 2016 年 12 月，《海洋督察方案》经国务院同意由国家海洋局颁布。由国家海洋局组建国家海洋督察组，代表国务院开展国家海洋督察。其督察对象除了包括各个层级的海洋行政主管部门和海洋执法部门之外，还包括各省、自治区和直辖市人民政府。督察内容主要包括：地方政府贯彻落实党中央、国务院海洋生态文明建设重大决策部署情况，地方政府遵守海洋资源环境保护相关法律法规情况，以及围填海、海岸线破坏、海洋环境污染等突出问题的处理情况。学者们对国家海洋督察制度存在的问题以及完善策略，提出了各自的见解。蔡先凤、童梦琪专门从法律层面探讨了国家海洋督察制度存在的主要问题，包括相关的国家和地方法律法规不健全、海洋督察法律制度体系不完善、督察主体法律地位不明、责任追究机制不完善等，并分别有针对性提出了对策建议。[③] 黄玲俐从法律层面对以上问题进行了进一步研究，认为国家海洋督察制度法治化面临的最大困境是无法可依，进而导致国家海洋督察机构法律地位不明确、责任追究机制存在漏洞，特别是对问责程序缺乏明确规定。为此，需要运用法治思维与法治方式使国家海洋督察制度步入法治化轨道，明确国家海洋督察机构的法律地位和职权，规范国家海洋督察问责程序，落实责任追究机制。[④] 除了需要完善国家海洋督察法律体系，孙义宇认为现有国家海洋督察制度在实施过程中存在督察程序设置模糊、督察权力缺乏监督等问题，他提出，要平衡调查核实程序中督察主体与督察对象的权力（权利），并细化责任追究程序以保障问责结果的公平公正；明确国家监察权对海洋督察权的监督机制，扩大国家海洋督察工作中信息公开的范围。[⑤]

---

① 张新：《海洋督察制度研究》，中国海洋大学博士学位论文，2013。

② 华丽雯：《中国海洋督察制度执行研究》，大连海事大学硕士学位论文，2015。

③ 蔡先凤、童梦琪：《国家海洋督察制度的实效及完善》，《宁波大学学报》（人文科学版）2018 年第 5 期。

④ 黄玲俐：《海洋督察制度法治化研究》，宁波大学硕士学位论文，2018。

⑤ 孙义宇：《中国海洋督察制度完善研究》，大连海事大学硕士学位论文，2019。

王琪、田莹莹认为国家海洋督察制度的后续发展与完善，还需要融入中央权威，推动地方政府严格执行海洋资源环境保护的相关政策；构建国家海洋督察长效机制，将运动式治理转化为常态治理；扩大公众参与，建立自下而上的倒逼机制；完善国家海洋督察运作模式，吸纳专家、渔民的意见，进一步推广“回头看”督察形式。[①] 以上文献为进一步推动国家海洋督察制度研究奠定了坚实基础。本文在前人研究的基础上，通过对国家海洋督察制度相关文件的分析，收集了国家海洋局对沿海 11 个省、自治区、直辖市开展第一轮国家海洋督察和意见反馈的情况，以及各地贯彻落实国家海洋督察组反馈意见的整改情况。在此基础上，本文分析了国家海洋督察制度的运作特征，分析了国家海洋督察制度存在的不足，并据此提出了完善对策。

## 一　国家海洋督察的运作特征

### （一）问题明确、针对性强

在当前的国家督察制度中，比较常见的有中央环保督察、国家土地督察、国家海洋督察。各项督察制度都是针对某一领域（如环保、土地、海洋）督促检查地方政府贯彻落实党中央、国务院重大决策部署和相关法律法规的情况。国家海洋督察的重点是督促检查地方政府贯彻落实党中央、国务院关于海洋资源环境保护方面的决策部署、法律法规。国家海洋督察主要围绕海洋管理中的“失序、失度、失衡”等问题，特别是社会反应强烈的围填海问题展开督察。沿海各地各级地方政府都不同程度地存在向海要地的冲动，围海造陆对沿海环境与海岸生态造成严重破坏。据统计，2005 年以后的近 10 年间，全国每年围填海的面积都超过 1 万公顷。[②] 其中 2013 年全国围填海面积多达 15413 公顷。2017 年 7 月 12 日，国家海洋局、国家发展和改革委员会、国土资源部联合颁布了《围填海管控办法》，要求加强和规范围填海管理，严格控制围填海总量，促进海洋资源可持续利用。2018

---

① 王琪、田莹莹：《海洋督察制度的逻辑与发展——基于 Nvivo 软件的文本分析》，《环境保护》2020 年第 7 期。

② 何源首：《围海造陆热风的冷思考》，《中国科学报》2017 年 9 月 1 日，第 2 版。

年 7 月 25 日，国务院出台了《国务院关于加强滨海湿地保护严格管控围填海的通知》，取消了围填海地方年度计划指标，除国家重大战略项目外，全面停止新增围填海项目审批。第一轮国家海洋督察的重要内容就是针对沿海 11 个省、自治区、直辖市的围填海情况进行专项督察，督促各地各级地方政府严格落实围填海政策法规，规范围填海项目审批和执法，促进近岸海域的生态环境修复。

### （二）中央介入、高位推动

国家督察制度的运作主体一般具有中央背景。例如，中央环保督察工作领导小组组长、副组长由党中央、国务院研究确定，组成部门包括中共中央办公厅、中组部、中宣部、国务院办公厅、司法部、生态环境部、审计署和最高人民检察院等，具体由位于生态环境部的中央生态环境保护督察办公室负责实施。国家海洋督察则由国务院授权原国家海洋局对地方政府开展海洋生态环境保护监督检查。在 2017 年实施国家海洋督察之前，我国也开展过国家海洋督察，当时的督察主体主要为国家海洋局，与此相对应，督察对象则为地方各级海洋行政主管部门和海洋执法部门。2016 年 12 月，经国务院同意，国家海洋局出台了《海洋督察方案》，由国家海洋局代表国务院开展国家海洋督察，督察对象不仅包括海洋行政主管部门和海洋执法部门等对口职能部门，还进一步延伸至沿海各省、自治区、直辖市人民政府。国家海洋督察的权限明显增大，能够进一步推动地方政府贯彻落实党中央、国务院在海洋生态文明领域的重大决策部署和法律法规。

### （三）成立专门的督察机构

国家督察制度的落实需要强大的组织载体。无论是中央环保督察、国家土地督察，还是国家海洋督察，我国均成立了相对独立的督察机构。全国海洋督察委员会和办公室设立在原国家海洋局，在实施国家海洋督察期间，由原国家海洋局负责组建若干个国家海洋督察小组，国家海洋督察小组中的人员一般具有较强的专业背景，其中既有原国家海洋局工作人员，也有原国家海洋局北海分局、东海分局、南海分局的工作人员。国家海洋督察小组组长一般由原国家海洋局的副局长担任。国家海洋督察小组向全国海洋督察委员会负责，后者向国务院负责。

### （四）进驻时间短、督察力度大

在开展国家督察的过程中，一般需要中央相关部门下沉到地方，近距离接触和了解地方政府及其相关部门贯彻落实党中央、国务院决策部署的实际情况。国家督察制度具有一定的运动式治理色彩，督察进驻时间较短，督察动作密集，力求在短时间内发现问题、调查清楚原因。在开展国家海洋督察期间，国家海洋督察组进驻地方的时间一般为1个月左右。在这段时间内，督察组通过会议座谈、个别谈话、调阅资料等方式，向各省级政府及其相关部门了解当地海洋资源环境保护过程中存在的突出问题。国家海洋督察组可以下沉至设区的市级人民政府、海洋行政主管部门和海洋执法部门，听取相关部门的工作汇报，了解群众对海洋开发与环境保护的意见；还可以利用无人机、专业船舶、海监飞机等设备实地收集相关数据，从而全面、客观地总结地方政府在用海管海过程中存在的问题。同时，国家海洋督察组在进驻地方期间会设立举报电话和信箱，集中收集和整理群众反应强烈的海洋生态环境问题，并反馈给当地相关部门，督促其办理、落实。对于盲目围填海、违规用海、越权审批、违规审批等地方政府行为，国家海洋督察组会依照《海域使用管理违法违纪行为处分规定》等相关办法，移送纪检监察机关处理，进行严肃问责；涉嫌犯罪的，移送司法机关依法处理。

### （五）注重整改时效和成效，地方政府高度重视

督察的目的就是发现地方政府在贯彻落实党中央、国务院相关决策部署和法律法规过程中存在的重大问题，并及时予以解决。因此，督察不仅要指出问题，还要对相关负责人进行问责和处理，关键是要督促地方政府整改相关问题。在国家海洋督察中，特别强调督察的时效和成效。国家海洋督察报告和意见书需要在督察结束的35天内反馈给地方政府，地方政府需要在收到报告和意见书后立即制订整改计划，并在1个月内将其报备至原国家海洋局，具体整改落实情况需要在6个月内呈报原国家海洋局。原国家海洋局代表国务院对各省、自治区、直辖市人民政府及其海洋行政主管部门与海洋执法部门进行督察，对于督察中发现的重大问题需要上报国务院备案，对于整改落实不力的地方政府可以削减其围填海指标并实行区域限批。因此，各省级政府在督察压力之下，往往对各地级市的整改落实情况

进行督促检查，确保国家海洋督察意见得到全面准确落实。特别是对于国家海洋督察组反馈的重大问题，各省级政府要求挂账督办、专案盯办。以此类推，督察压力层层传递，整改责任层层落实。

综上所述，从运作特征来看，国家海洋督察具有一定的运动式治理色彩。

## 二 国家海洋督察的限度分析

国家海洋督察的以上运作特征，决定了其督察体制相对于一般科层体制而言具有独特的监督检查效果。国家海洋督察的督察体制相对独立于原有的科层体制，能够依托国务院的权威下沉至沿海各个省、自治区、直辖市，近距离对地方政府进行督促检查。国家海洋督察通过向各省、自治区、直辖市人民政府施加督察压力，进而将督察压力传导至各级地方政府及其海洋行政主管部门与海洋执法部门，从而推动党中央、国务院重大决策部署的贯彻落实，对违反海洋环境资源保护法律法规的地方政府行为进行及时遏制与纠偏。从这个意义上讲，国家海洋督察维护了中央在地方的权威。从实际的督察效果来看，国家海洋督察确实发现了地方政府在用海管海过程中的诸多违法违规问题，并督促其整改落实，必要时还可以通过“回头看”的形式检查整改效果。国家海洋督察通过群众举报、媒体公开等社会监督方式，有效回应了社会关切，切实解决了群众反应强烈的突出问题。因此，国家海洋督察的开展具有积极意义，并取得了显著成效。[①]

与此同时，国家海洋督察的运作特征决定了其限度。

第一，国家海洋督察的合法性来源于中央权威，而非法理型权威，其法治化程度有待提高。国家海洋督察具有运动式治理色彩，它的启动和推动源于中央高层对海洋生态文明建设的重视，国务院授权原国家海洋局对沿海各省、自治区和直辖市及其地方海洋行政主管部门和海洋执法部门开展国家海洋督察。从督察依据来看，主要是《海洋督察方案》，但其不具有正式的法律效力。在全面依法治国背景下，国家治理的合法性主要来源于

① 关于国家海洋督察的功能与成效分析请参见张良《国家海洋督察的功能分析》，《中国海洋社会学研究》2019 年卷总第 7 期。

法理型权威，作为具有运动式治理色彩的国家海洋督察，其法治化程度有待提高。同时，该方案由原国家海洋局颁布，发文单位层级较低，督察对象则为沿海各省、自治区、直辖市人民政府，督察效力难免受到影响。

第二，国家海洋督察的人员配置不合理。从条块关系来看，原国家海洋局隶属于原国土资源部，它们对各省、自治区、直辖市的海洋行政主管部门与海洋执法部门的监督检查在其职能范畴内，但对各省、自治区、直辖市人民政府显然不具有督察权力。在国家海洋督察中，原国家海洋局代表国务院对地方开展督察，国家海洋督察组的组长一般由原国家海洋局副局长担任，但其督察对象则包括省长、自治区主席、直辖市市长等省部级官员。从这个意义上讲，国家海洋督察的人员配置有待合理。

第三，国家海洋督察缺乏对地方党委的监督检查。长期以来，在生态环境保护问题方面，中央对地方的问责大多局限于地方政府范围，较少延伸至地方党委。① 但在当前海洋开发与管理中，地方党委具有决定性话语权，正所谓“党委领导、政府管理”。国家海洋督察的督察对象如果能够延伸至省、自治区、直辖市的党委，实现“党政同责”“一岗双责”，就可以实现地方党政主要领导齐心共抓海洋生态环境保护。

第四，国家海洋督察效力的可持续性不强。运动式治理一般都具有时间短、强度大的特征，且具有一定的周期性和间歇性。在督察期间，地方政府在督察压力下，一般会严格配合督察组的问询、谈话，对于督察组反馈的意见，一般会积极整改落实。但一旦督察结束后，来自中央层面的监督压力就会减小，地方政府的各种用海管海行为在一定程度上又脱离了国家海洋督察，回到了原来的运行轨道上。换言之，在督察期间，原国家海洋局代表国务院对各省、自治区、直辖市人民政府及其海洋行政主管部门与海洋执法部门开展督察，国家海洋督察组手持“尚方宝剑”，对地方政府的威慑力较大。但是督察结束后，原国家海洋局与地方政府及其相关部门的关系又恢复往常，对地方的监督检查主要还是通过原有的科层体制运作。总体来看，督察制下的运动式治理周期较短，科层制下的常规治理是常态，国家海洋督察尚不足以对地方政府形成持续监督压力。

第五，国家海洋督察的整改效果有待进一步核查。按照《海洋督察方

① 孙秀艳：《生态文明建设须落实党政同责》，《人民日报》2019年8月6日，第5版。

案》，各省、自治区、直辖市人民政府需要在国家海洋督察组反馈督察意见后的 1 个月内制订整改计划，并在 6 个月内基本落实整改要求，具体整改落实情况向原国家海洋局报备。原国家海洋局对于地方政府的整改计划进行审核，并对最终的整改结果进行检查，对于“重要整改情况”会采取国家海洋督察“回头看”的方式，再次进驻地方对整改落实情况进行核查。据此分析，国家海洋督察对地方政府的整改落实效果的核查更多的是通过文本审阅，注重从形式和程序层面核查整改效果。由于时间、精力和人员的局限，国家海洋督察“回头看”的情况并不多见。如果对某省进行“回头看”，必定是该省在整改落实中存在重大问题，引起了党中央和国务院的高度重视。截止到目前，第一轮对沿海 11 个省、自治区、直辖市开展的督察中，只对海南省开展了整改情况专项督察，即国家海洋督察“回头看”。如果不对各地整改落实情况进行实地监督检查，国家海洋督察组的反馈意见可能得不到很好的贯彻落实。由于中央与地方之间的信息不对称，以及地方政府及其相关部门之间的“共谋”[①]，有必要提高“回头看”的比例。

第六，对国家海洋督察本身缺乏有力监督。国家海洋督察具有运动式治理色彩，其监督检查的主要依据不是国家层面的法律，而是《海洋督察方案》和相关操作细则，这些均由原国家海洋局制定，相关尺度和弹性空间由其把握。自由裁量权过大难免会导致权力腐败。毕竟国家海洋督察的合法性来源于国务院授权，而非法理型权威。在督察实践中，原国家海洋局和国家海洋督察组，对评判地方政府用海管海行为具有决定性意义。因此，谁来监督、如何监督国家海洋督察组是确保国家海洋督察公正公平的重要的因素。

第七，在国家海洋督察中公众参与有待提高。尽管在政府内部层级之外，国家海洋督察采取了一定的社会监督形式，但大多局限于设置举报电话和信箱、接待群众反映的问题、通过各种媒介公开督察信息。这虽然在一定程度上维护了公众对海洋环境资源保护的表达权、知情权和监督权，但公众参与国家海洋督察的形式较为单一，参与程度不够，这使得无法最大限度地将群众的利益和呼声真实、客观、全面地反映到国家海洋督察的

---

① 周雪光：《基层政府间的“共谋现象”——一个政府行为的制度逻辑》，《社会学研究》2008 年第 6 期。

结果中来。在国家海洋督察中，不同利益主体具有不同的立场和行动逻辑。国家海洋督察组的行动逻辑在于，检查督促地方政府认真贯彻落实党中央、国务院有关海洋生态文明建设方面的重大决策部署，发现地方政府在用海管海过程中与法律法规和相关政策相违背的政府行为，并敦促其整改落实；地方政府的行动逻辑在于，积极迎接督察组的检查，突出海洋资源环境保护中的亮点与成绩，避免国家海洋督察为地方政府今后海洋开发带来限制与不利影响；与海洋资源环境保护利益相关的公众的行动逻辑在于，通过举报、上访、媒体曝光等非制度化参与形式，维护其合法利用海洋生产生活的基本权利，确保地方政府主导的海洋开发不损害自身利益，海洋环境的改变不会对其居住环境与生产生活产生严重不良影响。可见，不同主体的行动逻辑存在较大差异，国家海洋督察虽然是为了确保党中央、国务院在海洋生态文明建设方面的重大决策部署、相关法律法规在地方政府执行层面得到认真贯彻落实，但究其根本也是为了广大人民群众的根本利益。因此在国家海洋督察中，必须提高公众的参与程度，增加制度化参与渠道，切实回应社会需要。

## 三　国家海洋督察制度的完善

第一，提升国家海洋督察的法治化水平。国家海洋督察是检查督促地方政府认真贯彻落实党中央、国务院重大决策部署的重要安排，是推动地方政府加强海洋资源环境保护的必要措施。从海洋生态文明建设的角度来看，国家海洋督察不应是权宜之计。从这个意义上讲，国家海洋督察应该纳入海洋资源环境保护的相关法律法规，通过立法的形式将国家海洋督察的主体、对象、流程、方式确定下来，对地方政府奖惩的形式、国家海洋督察主体的法律地位也应该在相关法律法规中有所体现。如果能够如此，国家海洋督察将纳入全面依法治国的框架，必将提升其督察效力。

第二，国家海洋督察实现由督政向督政督党的转变。将国家海洋督察对象由省、自治区、直辖市人民政府延伸至其党委组织，实现“党政同责”“一岗双责”。在地方海洋开发与管理的重大决策过程中，有的是由行政一把手主导的，有的是由党委一把手主导的，对其责任追究应该实现党政同责、权责对等。唯有如此，才能增强省、自治区、直辖市党委领导对于海洋资源环境保护的意识，明确其责任，强化其担当。在此基础上，将海洋督察压力传导至省级以下各级地方党委，确保地方各级党政领导在海洋生态环境保护方面统一意识、统一行动。

第三，利用国家海洋督察推动地方政府建立海洋资源环境保护的常态化机制。国家海洋督察即使纳入法律法规，也不可能频繁启动和运用。运动治理不能替代常规治理。海洋资源环境保护的主要依托仍然是科层体制。如何利用督察制推动科层运作的适当改变，建立海洋资源环境保护的常态化机制，是国家海洋督察的重要意义所在。其关键在于利用国家海洋督察契机，充分依托中央权威的高位推动，督促地方政府改变在海洋开发中重视经济效益、忽视生态环境保护的思维模式，从制度层面建立用海管海的考核机制。将各级地方政府的海洋资源环境保护情况、落实中央海洋生态文明建设重大决策部署情况纳入地方官员的政绩考核，提高其考核比例，必要时可与经济发展绩效等量齐观。将地方官员的海洋生态文明建设绩效与其晋升、仕途紧密结合起来，对任期内严重破坏海洋生态环境的政府行为进行严肃问责。利用国家海洋督察的权威和震慑，督促地方政府将海岸带保护纳入各省、自治区、直辖市的国民经济和社会发展规划，建立大陆自然岸线总体保有率管控及考核制度，制定围填海管控及产业建设项目用海的投资强度和效用指标制度①。

第四，加大国家海洋督察整改效果的核查力度。国家海洋督察的重要成果就是发现地方用海管海过程中存在的突出问题，形成督察报告和督察意见书，并将其反馈给地方政府，责令其整改落实。整改落实的核查不仅需要查看其整改计划、整改情况汇报，更要到各级地方实地调查、现场核查，需要向当地相关政府部门、企业和公众多方面了解实际情况，防止整改落实过程中出现弄虚作假、形式主义等现象。一些地方政府基于国务院的权威，从形式和程序上对国家海洋督察十分重视，但从督察进驻到整改落实的各个环节，其所有行为都是始终贯穿着迎接检查的逻辑和应付国家海洋督察组的心态。因此，有必要在国务院的授权下增加回头看的频率，从而督促地方政府切实按照国家海洋督察反馈意见认真整改落实。

① 《福建省贯彻落实国家海洋督察反馈意见整改方案》，http://ecs.mnr.gov.cn/zt_233/hydc/hydchddt/201901/t20190124_14491.shtml，最后访问日期：2019 年 8 月 21 日。

第五，加强对国家海洋督察本身的监督。绝对的权力导致绝对的腐败，不受监督制约的权力必然无法在国家海洋督察中做到公平公正。督察之上也需要有监督。唯有如此，海洋督察才能做到严格按照党中央、国务院的要求，善于发现真问题，敢于揭露重大问题，对地方违法违规用海管海行为切实起到震慑效果。一方面，通过某个高于并独立于国家海洋督察组的机构（如全国海洋督察委员会）加强对国家海洋督察执行主体的全程监督，防止权力的任性与腐败；另一方面，可以学习中央环保督察的做法，加强中央纪委国家监委驻自然资源部纪检监察组对国家海洋督察小组的全程监督。同时国家海洋督察小组在督察结束后需要撰写廉政报告，就国家海洋督察过程中的廉洁自律情况、遵守党纪国法情况和权力运用情况进行书面说明和报告，并报自然资源部党组和中央纪委国家监委驻自然资源部纪检监察组备查，关涉广大群众知情权的相关情况还需通过新闻媒体、电视网络等适当途径向整个社会公开公示。

第六，提升公众在国家海洋督察中的参与程度。在国家海洋督察中最大限度地吸纳公众参与，其意义在于，一方面可以对国家海洋督察组形成压力，确保其尽可能摆脱进驻地方后的利益诱惑和权力腐败，客观评价地方政府的用海管海行为；另一方面，可以对地方政府形成压力，确保其海洋行政管理与海洋执法代表公众利益、回应社会需求。后者的意义或许更为重大。国家海洋督察对地方政府而言属于自上而下的监督权力，但具有周期性和间歇性，不可能一直对地方保持高压态势。而当地公众，特别是与地方政府用海管海行为存在紧密利益关联的公众，可以形成对地方政府的持续性压力。因此，有必要建立公众参与海洋开发与管理的制度化渠道，并将公众意见纳入国家海洋督察，建立自上而下与自下而上的双向问责机制。

## 四　余论

国家海洋督察针对性强、问题明确，中央介入、高位推动，并成立了专门的督察组织，进驻时间短、督察力度大，注重整改时效和成效。以上运作特征决定国家海洋督察对地方政府的用海管海行为产生了积极的监督检查效果，但也决定了其限度。国家海洋督察具有一定的运动式治理色彩，叫停了原有的科层制运作的常规治理体系，将国家海洋督察切换到高速度、高强度的运动式治理轨道上，突破了科层制运作中信息不对称、委托－代理链条过长、监管成本巨大等局限性，超越了科层制的组织失败，实现了中央为地方用海管海行为纠偏、规范边界的意图[①]。但不可否认，国家海洋督察存在诸多问题，包括督察法治化程度有待提升、督察效力可持续不强、督察过程中公众参与不足、督察本身缺乏监督等。因此，在未来的国家海洋督察实践中，有必要对其进行进一步发展和完善。

国家海洋督察开展的频率是一个仍有待探索的重要问题。国家督察制度日益成为增强中央对地方控制、推动地方贯彻落实中央决策的重要制度。众所周知，地方党委和地方政府当前面临着众多名义不同的督察形式，例如中央环保督察、国家土地督察、国家海洋督察、扶贫督察等。中央层面启动相关督察运动后，省级层面为迎接监督检查必然高度重视，为此必然会将督察压力传递给下面各级党委和政府，加大对下级的督察力度。如果督察频率过高，必然造成基层疲于应对。在当前的一些督察过程中，督察打乱了科层体制的正常运作节奏，一些地方政府通过舆论造势、全面整治动员等方式将中央督察视为重要政治任务，并作为阶段性的日常中心工作，扰乱基层工作人员的正常工作，以至于出现严重的形式主义。例如，一些基层政府通过反复填写表格、撰写汇报材料、接待上级检查、精心谋划布局迎接检查等方式，将大量时间和精力浪费在文字材料与迎接检查上，影响了基层的正常工作运转。因此，国家海洋督察开展的频率，需要中央层面精心把握。国家海洋督察制下的运动式治理与科层制下的常规治理应互相配合、相得益彰。

---

① 周雪光：《运动型治理机制：中国国家治理的制度逻辑再思考》，《开放时代》2012 年第 9 期。

中国海洋社会学研究
2021 年卷 总第 9 期
第 15 ~ 31 页


# “海洋政治学”研究：必要性、创新性和可行性

黄建钢[*]

**摘 要：** 中华人民共和国在经历过“站起来”“富起来”之后已在启动一个“强起来”的程序。中国在 21 世纪的“海洋强国之路”就是一条“坚持走依海富国、以海强国、人海和谐、合作共赢的发展道路”，这是应对“21 世纪是海洋世纪”的时代之策。习近平总书记对此有着非常重要和丰富的“海洋政治”论述。对它的研究，可以形成一个学科——“海洋政治学”。这是一个应“海洋时代”而生的、需要创新的新学科。“海洋政治学”研究应该指导“海洋事业”的发展。“海洋事业”包含“五位一体”的“海洋经济建设”“海洋政治建设”“海洋文化建设”“海洋社会建设”“海洋生态文明建设”。现在已到了应该加强“海洋政治建设”的时候了。“海洋政治建设”需要“海洋政治学”。但“海洋政治学”研究尚处在一个没有充分认识到结构重构和建设具有重要战略意义的阶段。现在对“海洋”的研究一般还在“科技”和“经济”层面。“海洋政治学”研究需要全方位的创新，如思维创新、观点创新、视角创新、方法创新、概念理念创新、框架结构创新、话语体系创新等。在 21 世纪，创新是发展的推动力。没有创新就难有发展，没有发展就难以强大。

---

* 黄建钢，浙江海洋大学政治学二级教授，浙江海洋大学“浙江省新型高校智库 - 浙江舟山群岛新区研究中心”（CZZC）主任，浙江海洋大学港台侨研究所所长，主要研究海洋公共性、海洋命运共同体。

**关键词：** *海洋世纪　海洋强国　海洋政治　海洋事业*

现在已到了一个应该从政治学学科角度对“海洋”展开研究和考量的时候了。国家正式启动这个学科的研究现在已有些晚了——原则上至今还没有正式启动这方面的研究。其实，做这方面研究的最佳时机应该是在进入21世纪之际或之前。但是，现在做这个学科的研究还为时未晚。现在虽然“时候”已过，但“时机”还在正好的范围之内——不仅21世纪本身就是一个“海洋世纪”或者“海洋时代”①，而且现在正处于21世纪第三个十年的开端，还处于21世纪的早期。此时，“海洋事业”发展对“海洋政治学”的需求越来越强烈。事业如果一旦没有了对“政治”的把握就会迷失前进的方向和失去前进的动力。虽然从现在看“海洋政治学”研究的战略意义正在趋小，但其战术、技术和艺术的作用越来越明显、重要、广泛和深入。凡具有宏观效果和战略效应的行为都应该是一种国家行为，也都应该是一种政治行为，应该具有高屋建瓴的意义，值得政治学学科去深入和系统的研究；而且，这种研究站得位置越高、视野越开阔，其所辐射的面就会越来越大。而国家及其行为就是政治学学科要研究的对象。

## 一　“海洋政治学”是一个应“海洋时代”而生的、需要创新的新学科

这个学科提出的“海洋政治学”核心概念首先给人耳目一新的感觉，甚至让人精神为之一振。这是一个对“海洋”进行人文社会科学研究的新角度和新概念，之后定会形成一个崭新的学术研究领域，进而给“海洋”研究增添了一个新要素——智慧，使其进入了一个新境界。这个境界在近

---

① 这个概念是由联合国确认的，但联合国确认这个概念是有一个过程的。最早是在1992年，联合国环境与发展会议通过了《21世纪议程》。其中指出，海洋是全球生命支持系统的一个基本组成部分，也是一种有助于实现可持续发展的宝贵财富。1994年11月生效的《联合国海洋法公约》，把世界海洋的开发与管理引入一个新的时代，为海洋世纪的到来拉开了序幕。到1994年12月，联合国通过决议，宣布1998年为“国际海洋年”。此后每年的6月8日被定为“世界海洋日”。2001年5月，联合国缔约国文件更是明确指出：“21世纪是海洋世纪。”由此，这个概念得以确立。

代时曾经出现过初级状态，那种状态最后形成了以马汉“海权论”① 为标志的人类海洋政治理论。而现代这个“海洋”研究的新境界是“海洋事业”发展进入新境界的反映和基础。“海洋事业”一方面需要现代政治的驾驭，另一方面需要细节化、细致化和精致化，总之，需要一种学科研究。只有经过学科研究的过程，其研究才能进入一种学术层次和达到一定学术水平。只有在学术层次运行的研究才具有普遍性和普适性，这就是学科研究的意义。“海洋政治学”这个概念将为“海洋”研究带来一个新学科。这也是至今唯一一个“海洋”人文社科的研究独立学科的概念。人类至今对“海洋”人文社科研究基本属于一种方向性和领域性的现象和问题研究。“海洋政治学”研究虽然包含对“海洋政治”的研究，甚至直接研究“海洋战争”、“海洋冲突”、“海洋矛盾”以及海洋治理和海洋制度，但还应包含对“政治学学科”——研究的武器本身建设性的特殊性和细化、具体化的研究。这决定了这个研究具有浓厚的基础性。这首先需要加强“海洋政治学”的学科建设：这是这个研究的基础，具有武器效应。然后在这个基础之上再来研究对“海洋政治学”的应用和运用问题——“海洋政治”本身就具有很浓厚的具象性。其中，“海洋强国”“经略海洋”② 是“海洋政治学”的基本概念，“海洋三权”是“海洋政治学”的基本理念，“一路”③ 是“海洋政治学”的现代具象路径，“海洋制度”是“海洋政治”的运行规则系统。所以，这个“海洋”人文社科研究新的学科视角、方向和领域的形成将为“海洋”研究开辟新的路径、打开新的局面、提出新的对策建议，进而进入一个新的境界，带来新的效果、效益和效应。

### （一）对“海洋”的研究一般还在“科技”“经济”层面徘徊

所谓“海洋政治学”，实际是指从政治学学科角度对“海洋”展开的审

---

① 马汉：《海权论》，一兵译，同心出版社，2012，第 7 页。

② 这是习近平总书记在 2013 年 7 月 30 日中共十八届中央政治局第八次集体学习会上提出并强调的两个重要观点。参见《习近平：进一步关心海洋认识海洋经略海洋　推动海洋强国建设不断取得新成就》，http://www.xinhuanet.com/politics/2013－07/31/c_116762285.htm。

③ “一路”是“一带一路”中的“一路”，是“21 世纪海上丝绸之路”的简称，是习近平总书记 2013 年 10 月 3 日在印度尼西亚国会上发表重要讲话时提出的一个倡议。参见《习近平：中国愿同东盟国家共建 21 世纪"海上丝绸之路"》，http://www.xinhuanet.com/world/2013－10/03/c_125482056.htm。

视和研究。现实是，虽然从政治的角度对“海洋”的研究已经持续了较长时间，但这种研究还没有达到“政治学学科”的深度，缺少了一种普适性，也就难以达到沟通的顺畅性和表达的准确性。现在还是从“经济”角度和“社会”角度对“海洋”的研究较多，形成了“海洋经济”和“海洋社会”的概念、学术圈和团队。但这些研究基本还是一种现象研究。这需要全国哲学社会科学规划办公室对这个学科的研究进行确定，也需要教育部对这个学科的研究进行认定。全国哲学社会科学规划办公室在 2017 年夏季推出的第 110 号“2017 年度国家社会科学基金重大项目”就标志着“海洋政治学研究”的启动。这是第一次也是至今唯一一次推出“海洋政治学研究”项目。虽然这个项目最后流产了——无人无单位中标，但从这个招标项目的设计中还是可以看出，我国“海洋”人文社会科学研究的新动向——中国现在急需一种学科及其角度的研究及其趋势。所以，这个“第一次”的研究也就更具有了巨大的挑战性和伟大的战略性。

与国际上的“海洋”人文社会科学研究相比，中国在这方面还是迈出了历史性的一步。国际上现在对海洋军事、海洋历史、海洋文化、海洋经济、海洋法律、海洋管理、海洋政治的研究已很深入、系统，但还是没能达到一个学科研究的层次和程度。学科研究更多的是一种对规律、理论和方法的系统重视、审视和研究，而非学科性的研究，一般都只是一种表象、现象和具象的问题及其对策研究。虽然对策和政策研究也不可缺少，但总难免出现“头疼医头，脚疼医脚”的现象。这种研究虽然也可以解决一些紧急的、具象的“海洋事业”发展问题，但毕竟还不是一种普遍性、普适性和规律性的理论研究。只有理论才具有理性和理念，甚至理想。理论研究的核心就是发现、理解和利用机理及规律。

人类最早在这方面有一定规模的研究应该是在“地中海社会”，而且是起步于对“海洋战争”的研究。但它们在“地中海社会”中的发展有一个由东往西的轨迹。古希腊先哲们的思考几乎都与爱琴海有关。爱琴海就在地中海最里面的东北角上。罗马帝国对“海洋”的认识和利用有一个飞跃：不仅海上航运支撑了罗马帝国的发展及其在地中海的中心地位，而且用从地中海贝壳里提取的丰富多彩的颜料所作的油画为欧洲文艺复兴和启蒙运动的发展起到了一种推波助澜的作用。西班牙和葡萄牙是由“海文化”走向“洋文明”的国家，王室支持了航海家们的行为。经过努力，西班牙成为世界上第一个"日不落国家"。到了近代，"海洋"人文社会科学研究集中在了荷兰和英国，如荷兰人格劳秀斯的《海洋自由论》[①] 等。到 19 世纪末期，美国产生了马汉的"海权论"理论。马汉的"海权论"一直到现在还在深刻地影响着世界。人类至今的"海洋"人文社会科学理论基本还是一个近代理论。但自进入 21 世纪——海洋世纪以来，人类又急需一种现代的"海洋"人文社会科学理论。

中国研究"海洋"是从观海开始的，最典型的是秦始皇"东临碣石"的行为和曹操那首脍炙人口的《观沧海》里所蕴含的情怀。到唐朝，有诗人张九龄"海上生明月，天涯共此时"的跨界情感。到明清，有"禁海令"下的"闭关锁国"。第一次鸦片战争失败后签订的《南京条约》打开了"五口通商"大门。

近代对"海洋"的研究起步于航海。航海日志是"海洋"研究最原始和最基本的素材。整个 16 世纪几乎就是一个航海时代。现代的"海洋"研究主要涉及"海洋工程""海洋海事""海洋港口""海洋船舶""海洋航线"等。当代的"海洋"研究实际上是一个综合"海洋"研究，涉及并包含了海洋战略、海洋经济、海洋法律、海洋文化、海洋社会、海洋政治等内容的单方面和综合性的研究。即使是最先提出"海洋政治学"研究的中国海洋大学对此的研究[②]仍然只是一个"海洋政治"的研究，而没有达到一个"海洋政治学"研究的高度。这要求，"海洋"人文社会科学研究下一步的主要目标就是要尽快进入一个学科研究的状态。"海洋政治学"只是整个学科研究的开路先锋，随后还会陆续推出多个"海洋"人文社会科学类的研究。这些研究有一个共同点，就是至今还都不是一种学科性的学术研究，如"海洋经济研究""海洋管理研究""海洋法律研究"。因为细看"海洋"研究的题目就会发现，几乎所有的研究都没有一个"学"字，也就缺少一种学理和学科的深入研究。但 2017 年国家社会科学基金重大项目招标课题——"海洋政治学"的学科研究明确无误地在"海洋政治学研究"中镶嵌了一个"学"字。这其实是从海洋的理工科方面研究中得到的启示：现在几乎所有的海洋理工科研究都有"学"字或者都

① 格劳秀斯：《海洋自由论》，马呈元译，中国政法大学出版社，2017，第 10 页。

② 《中国海洋大学特色学科——海洋政治学》，《中国海洋大学学报》（社会科学版）2016 年第 5 期。

已纳入学科范畴，如“海洋物理”在物理学学科中、“海洋化学”在化学学科中、“海洋地质”在地质学科中等。它们之间的区别在于，不带“学”的或不在学科范畴里的研究一般只是一种现象、对策或者应用研究，一种就事论事的研究，一种“头疼医头，脚疼医脚”的研究。但带了“学”的研究就是一种透过现象看本质，并且深入机理和理论层次的研究。理论研究虽然是一种离不开现象的原理研究，但单纯的现象研究绝对不能代替理论研究。

从“海权”的三个层次来看，现在一般只研究到一个“sea power”（海洋权力）层次——马汉的“海权论”其实只在这个层次。这只是一个很表面、很直观的层次。它下面还有“sea interest”（海洋权利）和“sea right”（海洋权益）层次①。它们又都是现代性极强的层次和理念。现在“海洋政治”的研究基本还没有达到后面这两个层次。对“海权”的研究也还没有纳入“人权”的体系和系统中去进行整体考量和系统思考，还没有形成“海权也是一种人权”的理念。这还需要加强对与“权益”和“权利”相配套的义务研究。因为海洋生态关系到地球上每一种动物、植物，同时任何一个生物，包括人类在内，都既是生态和环境的受益者，又是生态的污染者和环境的破坏者。

## （二）对“海洋”的政治学研究具有高屋建瓴的性质

“海洋政治学”研究的重点在“海洋政治”，但更在“政治学学科”。把“海洋”内容放入政治学学科研究的范畴会使政治学更加丰富和丰满起来。现在的政治学几乎不研究“海洋”。只有从“政治学”角度把握政治的发展，只有从政治上去把握“海洋”，才能最终把握好“海洋”及其利用和发展的节奏和程度，才能把握“海洋社会”的构建、建设和发展。学科既是对科学的归纳，又是科学研究的基础。把“海洋”用“政治学”角度进行审视和研究，把“海洋政治”用“学科”角度进行审视和研究，这是一

① 现在一般都是把 right 翻译为“权利”。其实，这是可以商榷的。如是“权利”就应突出“利”，应该是 interest。而 right 应翻译为“权益”，突出的是“益”。在中文的语言习惯中，只有“益”才是“人人平等”的，而“利”是不平等的，是靠实力争取和保护的，是靠“刀枪”争夺的。关键在于，人们现在对“利益”的理解，就是重视了前面的“利”而忽视了后面的“益”。

个崭新的视角。这个研究的价值就在于这个"学科"的"学"字。研究它，会为"海洋"的人文社会科学研究带来新气象，会为政治学的研究带来新局面。"海洋政治学"有广义和狭义之分。我们在这里采用的是广义的"海洋政治学"概念。

对"海洋"的研究分为自然科学研究和人文社会科学研究。对"海洋"的自然科学研究现在已进入了一个全面学科化状态，但对"海洋"的人文社会科学研究基本还在问题的现象表层，而没有进入学科层次。现在只有"海洋经济""海洋管理""海洋文化""海洋社会"的研究，还都没有"海洋经济学""海洋管理学""海洋文化学""海洋法律学""海洋社会学"的研究，更没有"海洋政治学"的研究。但是否需要这些学科，又如何发展这些学科，这些是需要政治学来思考、考量和把握的。

从人文社会科学角度研究"海洋"最典型的两个人物和他们的著作反映出了这方面研究的大致方向、进度和局限。一是格劳秀斯的海洋法思想，现在，他的《海洋自由论》最为人们所熟知。他主张，人在海洋上是自由的、平等的。二是马汉的海洋思想，他的"海权论"在四本书中进行了阐释。他的这些研究成果都很有思想，对后人也都很有启发。他认为，要用实力来控制海洋，控制了海洋，就等于控制了世界。但从整体来看，他的研究还是缺少一种学科研究的规范性。学科研究本身就是一个规范研究和思想研究的统一体。思想发展到一定时候和程度就会需要规范。而规范研究发展到一定程度又需要科学和哲学，最终要达到一种学科研究的境界和状态。

现在，研究"海洋政治学"虽然已经不"超前"了——它更应该在20世纪和21世纪交界之时就研究这个学科问题，但现在研究也还为时不晚。中国的迅速崛起急需"海洋"作为支撑和支点。"海洋事业"有时是发展的结果，有时也是发展的条件和发展的需要。中国的"再发展"将会很快进入一个"海洋"发展的层面和"海洋强国"的时期。"海洋"本身就具有一种全球性。中国应该有自己独特的"海洋"政治方略、"海洋"政治理论和"海洋"政治制度。在现有的国际运行体系中，政治还是在起主导、引导和领导的作用。为此，中国既有行动又有号召，甚至已有详细的推行方案，但还缺少深入的"海洋政治学"理论。随着"一带一路"倡议的提出，中国和世界都急需"中国话语"和"中国方案"。理论是对思想的系统化梳理和归纳。研究"海洋政治学"就是为了创新一个系统和深邃的"海洋政治学”理论和体系。没有政治学学科支撑的政治理论去指导具体的“海洋”实践，往往会是盲目的，包括“海洋法律”。盲目的实践最终一般都是会失败的。相比于中国丰富的“海洋”实践，中国的“海洋”理论尤其是“海洋政治学”理论已经滞后和落后了，甚至还滞后和落后得很严重、很厉害。从表面来看，现在落后的是海洋装备和海洋科技，落后最多的是海洋工程。但任何科技创新和发明都是表象的，都是对意图和理论的实践。任何“海洋”人文社会科学理论都出自政治意图或为政治服务。中国的“海洋”理论是什么？现在只有想法甚至说法，还没有理论。没有“海洋”理论，就没有“海洋”预测。没有“海洋”预测，就没有科学的“海洋”对策，也就没有巨大的“海洋”实践及其投入。

这还涉及一个对学科的学术研究问题。对“海洋政治学”的研究一定要反对拿来主义。拿来主义的危害极大。拿来主义是现在我国人文社会科学研究的一大弊病。只要不是拿来主义，那就可以和能够把问题说得清楚和解决得很好，最多也只会有一个时间和过程的局部问题。所以，要创新和坚持做好“海洋政治学”的研究工作。首先在学科理论上要有所突破。其中必须要对学科的基础及其理论进行汇总、整理和创新，应该在学科的独特性、流动性、系统性、跨越性、交叉性、整体性和综合性的基础上做好文章。但这些是现有学科理论和规范极少涉及的。现在的学科规范和建设都有利于科学和技术的发展，但不利于创新和创造。人类需要符合 21 世纪“海洋”特点的“海洋政治学”理论。

## 二　“海洋政治学”研究目前尚处在结构构建阶段

这是一个完全创新的“海洋”人文社会科学研究，尤其是对中国人文社会科学界来讲更是如此，但它现在还没到一个深化、细化和具体化的研究状态，从而尚处在一个学科的构想、创建和构建阶段。关键在于，对它的研究的创新角度、力度、深度以及创新的新颖程度，这些还是缺少思考的。这些问题是决定“海洋政治学”学科成立的关键。

### （一）“海洋政治学”研究框架需要创新构想和构建

这是从政治学学科角度对“海洋现象”“海洋问题”“海洋事业”及其

发展趋势和研究领域的重新思考。这个思考至今还应该具有开创性和崭新性，这个思考更带有宏观性和根本性。人类在现代的发展是一种以国家为主体的陆地发展。国家就是一个政治学研究的范畴。国家目前只是一个“国土”概念。这也是联合国确定“21世纪是海洋世纪”的概念和意识的思维出发点。近代以来，凡是发展起来的国家都是海洋国家。要想全球都得以发展，就必须让世界树立一个“海洋世纪”的意识。“海洋”是人类发展的现实基础和未来方向。“海洋”在21世纪的发展是一个国家的发展问题。“海洋”问题既是一个国家问题，也是一个国际问题，更是一个世界和全球的问题。国家的力量应该在“海洋”中有比较充分的体现。“海洋强”国家才能强。“海洋强”就是利用海洋资源的能力强。所以，对“海洋”问题的研究，应该纳入政治学学科的范畴。

本学科研究的总体框架有如下设计。在“绪论”部分，主要是对“海洋政治与政治海洋”进行思考。主体部分大致研究“海洋政治学的基础理论”“海洋政治学的中国实践”“海洋政治学的实践运用”“海洋政治学的中国方案及话语”。其中，在“海洋政治学的基础理论”研究中，主要研究“海洋的政治时代”“海洋的政治特性”“海洋的政治状态”“海洋的政治功能”“海洋的政治作用”“海洋的政治历史”“海洋的政治制度”“海洋的政治关注”“海洋的政治思维”，要特别研究马克思主义的“太平洋时代理论”以及“世界中心由大西洋向太平洋转移”的思想。[①] 在“海洋政治学的中国实践”研究中，主要研究“中国‘海洋强国’”“中国‘经略海洋’”“中国海洋主题新区”“中国沿海自贸区”“中国沿海经济带”“中国‘全球海洋中心城市’”。在“海洋政治学的实践运用”研究中，主要研究“全球海洋”“公共海洋”[②]“冲突海洋”“包容海洋”“发展海洋”“‘三权’海洋”“制度海洋”。在“海洋政治学的中国方案及话语”研究中，研究“开放包

---

① 骆小平：《海洋科技与海洋生态：马克思主义“太平洋时代理论”的发展动力》，《浙江海洋学院学报》（人文社科版）2013年第4期。

② 习近平总书记2015年9月在纽约联合国总部出席联合国成立70周年系列峰会上发表演讲时提出要“打造人类命运共同体”和2019年4月23日在青岛出席中国人民解放军海军成立70周年纪念活动时提出要共建“海洋命运共同体”（http://cpc.people.com.cn/n1/2019/0423/c164113－31045369.html）都体现了一种清晰的共同思维和公共思维特质。

容”“公平公正”“3G”“3H”[①]“结伴不结盟”“海洋命运共同体”[②]“海洋社会”“海洋外交”。最后研究的是“海洋问题和问题海洋”及其对策。

这个研究框架还不成熟。一个成熟的研究架构本身就是一个学科研究的重要内容。一个好的研究框架标志着距离研究成功已过半程。我们虽然在这方面已有不少探索，但还是有待提高。

现代“海洋政治学”的核心理念是“海洋三权”，也即“海洋”的权益、权利和权力的问题。习近平总书记在 2013 年 7 月 30 日中共中央十八届政治局第八次集体学习会上的讲话[③]基本就是按照这个“三权”思路讲的。“海洋政治学”主张，应该把它们作为一个整体纳入“人权”的范围和系统，并给予注意，进行研究和探索。它们是“人的三权”在“海洋”问题上的应用和运用。这也是现代政治学必须给予重点关注、思考和阐述的理念核心。但现实是政治学关注的一般还是“权利”——“right”，这是“一权”。对“海洋三权”的理解和研究同时会反过来加深人对“人的三权”理念的理解。在传统“人权”中，“power”的概念是不在其中的。这“三权”从内容上看虽然早已有之，但它们没有作为一个整体和有机体的概念出现过：这是第一次在政治学研究中出现“三权”概念，也是“海洋政治学”对政治学的发展；它们也没有被纳入“人权”的范围内进行审视和研究——“三权”彼此互动和相互制约。仅这些就是政治学研究的创新和突破。由于政治可以被分为“权力政治”“权利政治”“权益政治”，所以“海洋政治”也可被分为“海洋权力政治”“海洋权利政治”“海洋权益政治”。它们既构成了“海洋政治”发展的三个阶段：每个阶段都是对前一个

---

① 所谓“3G”“3H”是指“共商、共建、共享”与“和平、合作、和谐”。它们因为汉语拼音的第一个字母都是 G 或 H 而得名。参见《习近平：进一步关心海洋认识海洋经略海洋 推动海洋强国建设不断取得新成就》，http://www.xinhuanet.com/politics/2013 - 07/31/c_116762285.htm；《习近平：中国愿同东盟国家共建 21 世纪“海上丝绸之路”》，http://www.xinhuanet.com/world/2013 - 10/03/c_125482056.htm）；《习近平在“一带一路”国际合作高峰论坛开幕式上的演讲》，http://www.xinhuanet.com/politics/2017 - 05/14/c_1120969677.htm）；《李克强：努力建设和平合作和谐之海》，http://cpc.people.com.cn/n/2014/0621/c64094 - 25180047.html? ol4f。

② 这是国家主席、中央军委主席习近平 2019 年 4 月 23 日在青岛出席中国人民解放军海军成立 70 周年纪念活动时提出的一个重要概念和理念。参见《人民海军成立 70 周年 习近平首提构建“海洋命运共同体”》http://cpc.people.com.cn/n1/2019/0423/c164113 - 31045369.html。

③《习近平：进一步关心海洋认识海洋经略海洋 推动海洋强国建设不断取得新成就》，http://www.xinhuanet.com/politics/2013 - 07/31/c_116762285.htm。

阶段的包括和包容、提高和提升，但又都与后一个阶段有很大的不同和差距，也是“海洋政治学”研究的三块内容。其中要特别体现出一种合力的力量。每种形式也都有自己独特的力量，如“权力之力”、“权利之力”和“权益之力”。它们同时属于政治之力。但政治之力又不仅仅是这“三权”之合力，还有“管理之力”“治理之力”“整理之力”“处理之力”等。“政治力”属于一种上层建筑力量，在“社会力”结构中，这是一种自上而下运行和发力的社会之力。

为此，本学科研究分为如下六个方向：一是“经略海洋”政治学，二是“海洋”制度政治学，三是“海洋三权”政治学，四是“公共海洋”政治学，五是“包容海洋”政治学，六是“‘一路’倡议”政治学。这些学科方向是切入政治学学科研究的六个维度。其中，每个维度的深度不仅会很深，而且每个研究进入政治学学科整体研究后都会形成一种彼此互动、相互交叉、互相碰撞甚至是彼此相融和互促共生的状态。

### （二）“海洋政治学”研究应该指导“海洋事业”持续和长远的发展

这是一个不仅创新深度很深而且创新幅度很大的学科研究。它不仅客体新——新到至今几乎还没有一个“海洋政治学”的研究及其成果，而且角度新——一个从学科角度进行的创新和规范。其中，“海洋政治”本身就是一个还没有被重视而又需求量又很大的领域。如同到一个陌生之地需要向导或导航一样，21 世纪的“海洋政治”就特别需要决策咨询和智库的智力支持。特别是，其系统化和有机化的程度都要求很高。它特别注重其中每个要素之间、每个机理之间、每个块状之间、每条历史线索之间、每个“海洋”事件之间、每个“海洋”理论之间和每个历史阶段之间的互存、互依、互动和互进。

所以，政治学学科研究希望能达到如下七个预期目标。

一是通过本学科研究，要对 21 世纪的“海洋时代”有一个系统、深邃和精准的理解和表达。现在，人们对这个时代还没有特别的感觉，且这个“海洋世纪”或者“海洋时代”的概念还没有进入人们一般日常的意识系统、思维系统和逻辑系统。即使是联合国，对“21 世纪是海洋世纪”的表达也还有很多模糊之处。

二是通过本学科研究，要对人类对“海洋”人文社会科学研究成果做一个梳理、整理和概括。人类社会自形成和发展以来就没有离开过“海洋”，人都是在“海洋”的包围下和渗透中生存和发展的，甚至都是“海洋”的产物。但具有这种意识的人还是凤毛麟角的。几乎所有的人都没有注意到，中文的“海”字里就有一个“人类”的“人”字和“母亲”的“母”字。

三是通过本研究，要对进入 21 世纪后的“海洋政治”现状有一个全面和深入的了解和理解，特别是要对刚进入 21 世纪第二个 10 年时“海洋”问题的兴起给予深入的理解和解释。它说明了什么？又预示了什么？人们需要答案。国家需要支持。它虽然是现象，但反映了什么现实和规律？这也需要“政治学”的研究。

四是通过本学科研究，希望能建立一个创新性强、系统性强、思维性强的“海洋政治学”理论体系。理论体系都是智力体系的基础。现代社会与近代和古代社会的最大区别就在于，对“预测”有进一步的高要求和严要求。“预则立，不预则废”是中国文化的一个传统。而理论是“预”的基础。没有“预”的理论就难有“预”的效果。有“预”的发展才是一种科学的发展。对发展的“预计”和“预测”要有整体性、有机性、系统性、广泛性、影响性和长远性。这些“预”的研究也是我们改革开放以来的研究所普遍缺少的。这使我们的对策往往滞后、出现偏差甚至失误。

五是通过本学科研究，希望能对国家的“海洋政治”实践提出具有咨询意义的系统的政策建议，以弥补现在的“海洋政策”研究因为没有学科和学理的支撑所出现的不到位、不连续、不系统的问题。

六是通过本学科研究，能在“海洋”人文社会科学研究和学科建设上有所突破。“海洋”的人文社会科学研究应该是一个大系统。现在，研究形成不了系统的原因就是缺少了政治内核、政治价值和政治理念。“海洋政治学”研究所提供的就是“海洋事业”的内核。

七是通过本学科研究，能够梳理一下习近平总书记关于“海洋政治”的思想和理论。这是中国现代“海洋政治学”理论的核心思想和重要来源。对他的这些论述，不仅需要全面汇总和梳理，还需要提炼和凝练，更需要具体的贯彻执行。在现代的国家概念中，“海洋”已经成为不可或缺和重要的组成部分。对现代国家来说，“海洋政治学”是必需的。

## 三 "海洋政治学"研究需要全方位的可行性创新

这不是一般的"海洋学"与"政治学"的拼凑或黏合式研究，而是一种崭新的思维方式的碰撞、结合和契合式的创新有机研究。"海洋"既是内容也是思维，"政治"既是内容也是方法。在"海洋政治学"中，"海洋"和"政治"互为研究对象、研究视角和研究方法。没有思维方式的碰撞和创新作为前提和代价，一切的创新就几乎都是不可行的和不可能的。

### （一）"海洋政治学"需要整体性的研究思路创新

"海洋政治学"不仅是一个创新学科，也是一个复杂学科，更是一个综合学科；不仅是对过去规律的发现和概括，而且是对未来趋势的预测和开拓。其中，研究思路的重要性毋庸置疑。没有思路，就没有出路。"海洋政治学"研究的思路决定着"海洋政治学"研究的成果倾向及其质量。研究思路包含研究步骤。研究步骤里又有研究程序。"海洋政治学"学科研究应从如下四个步骤逐步展开。

（1）要注重梳理。"海洋政治学"研究需要梳理。一是需要梳理人类"海洋政治"发展的大致脉络，二是需要梳理中国在中国共产党十八大以来"海洋政治"实践的探索步子。先要对历史上和现实中有"政治"作用和效果的"海洋事件"进行仔细搜索、重新思考和系统研究，提取"海洋政治学"的基本要素、基本规律、基本原理和基本线索，主要是要做好细致的案头工作。

（2）要注重提炼。"海洋政治学"研究需要对"海洋事件"进行提取节点、发现规律、凝练原理，特别是要对"海洋政治学"的基本要素、基本规律、基本原理和基本线索进行学科整理、梳理和概括，并形成新的概念，找到它的学理基础。对疑难杂症，主要是要做好深入研讨甚至是头脑风暴的研究工作。

（3）要注重创新。"海洋政治学"研究需要创新学科体系，主要是要创新学科研究的结构架构、创新中国话语体系、创新中国方案系统。用形成的新理论来研究现在正在推行的"海洋政治"具体政策和措施，并试图预测这些政策和措施的实施情况和发展前景及其产生的国内、国际影响，主要是要做好头脑风暴的碰撞工作，产生新的说法、想法和看法及思想。

（4）要形成重点。“海洋政治学”研究需要明确重点研究的三个基础材料。一是要研究《联合国海洋法公约》。它毕竟是人类第一部具有世界意义的完整的联合国“海洋”制度。但要特别纠正的是：这还不是“海洋法律”，而只是“海洋公约”。“法律”与“公约”的区别就在于，强制方面和程度的不同。二是要研究自中国共产党十八大（2012 年）以来习近平总书记关于“海洋政治”的重要论述及其实践，要突出以习近平同志为核心的中国共产党中央对世界海洋理论所做的贡献。三是要研究自古希腊以来能够找到的与“海洋政治”有关的历史事件和书籍。“海洋政治学”研究不仅是对中国“海洋政治”理论及其实践的归纳和总结，也是对人类“海洋政治”理论的归纳和总结，更是对人类海洋政治理论下一步发展的前瞻和展望。

### （二）“海洋政治学”需要综合性的研究方法创新

研究方法是与研究方式相配套和配合的，研究方式又是由研究内容决定的。“海洋政治学”学科研究的方式主要是一种团队合作的方式，这也是当下人文社会科学学科研究很难采用的一种研究方式，但这种研究方式是现代性的。而“现代的”又不是“近代的”。现在人们理解的“现代化”基本上还是一个“近代化”。采用“现代”研究方式的“海洋政治学”既需要宏观把握，又需要细心、细致揣摩和琢磨。它虽然在如下的方法概念上并没什么创新，但在概念的理念内涵上会有新意并要落到实处，进而吸引人们的眼球。

一是文本的方法。读前人的“海洋政治”专著和非海洋专著中的海洋论述，读习近平总书记关于“海洋政治”的系列重要讲话和有关重要论述。特别要注重、考究由外文翻译过来的概念的真实意思和内涵。也要注意“海洋政治”中文的外文翻译究竟怎么翻译的问题。翻译不准确甚至歧义是沟通不舒畅甚至误会的主要原因。

二是案例的方法。对 20 世纪以来的，特别是 20 世纪 70 年代以来的全球的“海洋政治”案例性事件要进行深入、系统和整体的采集和研究。

三是研讨的方法。对“海洋政治”要进行多学科的研究讨论，既要拓展研究，又要深入研究，最主要的是要进行多角度的讨论；既要反反复复地琢磨，又要找到问题与问题之间、规律与规律之间的联系性；既要从“海洋问题”中发现“政治性”，又要从“当代政治”中发现“海洋性”。但现在所谓的“学术研讨会”存在的问题是，只有“发言”，没有“讨论”和“讨教”，更谈不上“学术发布”。

四是风暴的方法。这是理论创新的主要方式，也是“沙龙”的方式。非正规、轻松、随意和平等的沙龙式的头脑风暴是解决思想、思路上的疑难杂症的主要方式。只有这种风暴够猛烈，摧毁大脑中的思维定式才能成为可能。在新学科的构建当中，会有很多和越来越多的疑难杂症需要解决。这种方法不要求讲“对的话”“全面的话”“成熟的话”，甚至还要说一些“走极端”和“异端”的话，要有“争吵”“争论”争辩”，还要学会“保留”和“包容”。

### （三）“海洋政治学”的创新任重道远

“海洋政治学”学科研究的重点是要给中国共产党和国家的“海洋理念”“海洋政治”“海洋价值”“海洋政策”提供理论基础。“海洋政治”是一个崭新的领域。“海洋政策”目前更是一个模糊的概念。虽然“海洋”一直都在“政治”的范围中存在，但作为一个独立领域，“海洋政治”至今都没有正式独立形成过、存在过。它在很长时间里都是一个“海洋军事战略”的概念和领域，最近才形成了一个“海洋经济”领域。现在一直都是一个从陆地看海洋的结果和情况，一直都缺少一个从海洋看海洋的状态，没有看清楚“海洋”与“人类”的关系，也就一直看不清楚“海洋”的实际价值究竟在哪里。难道这只是一个经济概念吗？“海洋政治”的不确定性和变化性急需“海洋政治学”的学科、学术和学问来支撑“海洋政治”的可持续发展。只有这样，“海洋政治”的地位才会越来越高，“海洋政策”的效果才会越来越好。但“海洋政治”与平时所说的“政治”又反差极大，甚至还会出现一种风马牛不相及的情况。只有从“海洋思维”的角度才能看到和认清“海洋政治”所具有的独特地位和作用。所以，其重点在于，界定“海洋政治”的内涵和外延，寻找它特有的规律，形成独特的“海洋政治”系统及其制度。

“海洋政治学”研究的难点在于，一是研究的客体难以从“海洋”纷繁复杂的事务中单列和分划出来。这个摘取需要很大的智慧和很强的科学精神，还要求人有很渊博的知识及成体系的知识结构。但知识和智慧都需要积累。而积累又有一个过程。二是怎么从现代的"海洋事务"研究中提取现代"海洋政治"的规律和形成现代"海洋政治学"理论，包括形成特有的"海洋政治"概念，还需要在"海洋人文社会科学现象"中发现特有的"海洋政治"轨迹。

### （四）"海洋政治学"研究的创新点在"观点"和"论点"上

现在一般的研究是"观点""论点"不分的。其实，"观点"就是"看点"，是"反复看之点"——一般所说的立场、观点、方法中的"观点"就是"看"事物的出发点，这与我们平时理解的"观点是结论和论点"不同。"论点"是"方法"后的结论之点，是需要进一步论述之点。对于"海洋政治学"的观点和论点的创新，一是要创新一个新维度，就是要从"政治"角度看"海洋"和用"海洋"以及把握"海洋"的维度及其思维方式。"海洋思维"要有"海洋价值观"——海洋是有价值的。浙江海洋大学在2017 年曾经举办过一次"让海洋成为财富"学术研讨会。"海洋思维"又是一种谷峰思维、流动思维、变化思维、平等思维和风险思维。要把"海洋是地球最后的生态防线和生命摇篮"作为"人类政治价值"来落实。所以，"海洋政治"不仅是政治上的事情，更是"海洋事业"上的事情，也是国家在 21 世纪发展的大事。在"海洋事业"中，"海洋政治"起着领导、导向、向导的作用，决定着"海洋事业"发展的方向和"海洋"问题解决的方法。过去的"海洋政治"原则上都是陆地思维的结果，并不是从"海洋"思维出发的纯粹结论。思维的不同决定了思维对象呈现特点的不同。二是要创新一种角度，就是用学科的角度和附属的方法来研究"海洋政治"，并且构建一个"海洋政治学"的学科体系。这也是本学科最根本和最重要的核心内容。这是人们"认识海洋、关心海洋和经略海洋"[①] 的知识体系。有了这个内容，就可以规范对"海洋政治"研究的范式和原则。三是要创新一组方法，对"政治"的研究最终都要落实在"治理"的体系和方法层面，如管理法、治理法、整理法、处理法、调理法、协理法等。最主

---

① 这是习近平 2013 年 7 月 30 日在中共十八届中央政治局第八次集体学习讲话中提出的"海洋新理念"。

要的是要通过方法来体现“海洋政治”的中国话语和中国方案。

其实，特别需要创新的一点是，要对习近平总书记关于“海洋政治”的论述展开深入研究，要从研究中梳理和整理出习近平总书记对“海洋政治”的思考。同时，对习近平总书记关于“海洋政治”的论述和思想的研究本身也是对习近平总书记关于“海洋政治”的论述和思想的传播，这有利于加深国际社会对中国“海洋政治”举措和态势的了解。

中国海洋社会学研究
2021年卷 总第9期
第32~41页


# 海洋治理理念转换的研究意义*

于 航**

**摘 要**：海洋治理理念在地方海洋治理、世界区域海洋治理、全球海洋治理三个层次上主导着海洋治理的政策方针，是主观对客观的反映，在不同国家、地区的海洋治理组织形式及运行机制上均能体现出异同。对海洋治理理念转换的研究，实质上是通过研究其转换过程来把握海洋治理理念是如何发展的，以此掌握其发展规律，以便更好地探讨未来何种海洋治理理念是符合规律的、合理的、合乎现实的。

**关键词**：海洋治理 理念 海洋国家共同体

对海洋治理理念转换的研究，实质上是通过研究其转换过程来把握海洋治理理念是如何发展的，以此掌握其发展规律。近年来，单边主义、保护主义在世界上蔓延开来，部分沿海国家以国家利益之名扩大海洋管辖范围、圈占海洋资源，借此转移国内因政治经济发展不平衡而造成的矛盾。这种攫取公共资源、满足自身利益的做法增加了社会经济发展的不可预期性，使社会风险加剧，违背了人类可持续发展的共同愿景。此外，我国学

* 本文系海南省哲学社会科学规划青年课题［HNSK（QN）17-72］、黑龙江大学研究生创新科研博士项目（YJSCX2020-015HLJU）研究成果。

** 于航，三亚学院法学与社会学学院讲师，黑龙江大学博士研究生，主要研究方向为海洋治理研究。

术界对海洋国家、海洋文明的认识，长期深受西方理论话语影响，导致我国对海洋战略的思考受到束缚。可以通过对海洋治理理念转换的研究透彻分析海洋治理理念如何发展，反思既存话语体系，解构话语霸权，这是一个有利于中国海洋事业发展的祛魅过程。

从历史发展纵向上看，海洋社会发展因受自然因素的影响而呈减缓趋势，人为因素的影响日益增大。无疑，科学技术的发展是人类开发海洋资源的重要保障，但人类开发利用海洋的具体活动必然受相关制度、管理方法的约束，而无论哪一国家或组织的制度、方法及运行机制必然由其治理理念所引领。故论及本质，海洋治理理念是各类海洋社会发展问题的根源，直接或间接影响海洋活动行为主体的意识，体现在人类海洋活动的各个环节之中。

## 一　相关概念界定

如果我们把海洋治理理念的本质，归结为人们对“治理”的本质属性和特点的认识、揭示，那么，这种理念理应为海洋治理内在本质的规律性要求，也需具有客观性。我们在研究各个历史阶段的海洋治理思想内容、理论观点时需要依此原则进行梳理。海洋治理理念在纵向历史传统上、横向主体交互上均广泛影响海洋活动行为主体，直接或间接地作用于各类各级海洋实践活动。故研究海洋治理理念转换课题时，厘清关键概念以及时间、空间的限定是十分必要的。

### （一）理念

理念是主观对客观的反映，是人们在社会实践过程中形成的对某一事物或现象的规律性认识，是具有相对稳定性、延续性的思想与观念体系中所展现的深层次精神与价值取向。[①] 从个人行为选择到组织、国家策略的价值取向，都是理念预设的结果，它决定着目标实现的向度和价值。

从认识论角度来看，理念贯穿于行为主体实践活动的全过程，是人们从实践中反思、总结而来的，在活动过程中不断促进人产生新的认识以指

① 何颖：《行政哲学研究》，学习出版社，2011，第15页。

导实践、完善思维活动。我们对理念可做如下理解：“人们通过对事物本质属性及使用价值的揭示所得到的概念性认识。理念作为人们思维的判断，具有某种真理性认识，同时也是人们思维的过程。”① 海洋治理理念始终处于一种动态平衡过程中，每一阶段的总结对特定时空的海洋活动具有理论与实践指导的双重价值，是海洋治理中具有延续性的思想及观念体系中所展现的深层次精神与价值取向。从理念入手研究海洋治理，超越了既往研究中的工具理性研究思维，使研究的重心由“如何治理”转向了“为何治理”，并把研究指向了经常忽视的理论前提。

### （二）海洋治理

海洋概念处于不断的发展变化之中，因而会发展出不同的海洋治理概念。美国学者阿姆斯特朗和赖纳认为：“海洋包括其自然部分、管理部分、管辖部分三大范围，而基本的是自然部分，即表层水、水体、海床、底土，而其他部分（管理、管辖）都与国家、政府的意志相关。”② 海洋最直观的概念应是地理区域概念，多国签署的《联合国海洋法公约》将海洋分割为领海、毗连区、专属经济区、大陆架、用于国际航行的海峡、群岛水域等区域概念以确定其不同属性，分别制定了一系列区域性海洋法律制度。1994年生效的《联合国海洋法公约》，使全世界三分之一的海洋被划为沿海国家的管辖区域，公海范围缩小重新塑造了海洋活动行为主体的活动空间与行为方式。各行为主体在毗连区、专属经济区、大陆架、用于国际航行的海峡、群岛水域分别享有不同层次的主权权利、专有权、管辖权和管理权。

海洋治理是海洋管理实践活动发展的一种理念突破，海洋治理处于动态平衡发展的状态也指向海洋治理理念始终在转换过程之中。海洋管理、海洋行政管理等方面的研究成果为海洋治理概念的总结提供了理论依据。当前海洋管理在理论研究方面更为注重海洋管理的主体多元性，由此厘清了海洋行政管理与海洋管理的区别。管理手段的专业化使得海洋管理实践行为的研究更为细分，研究对象趋于具体、特殊。相对于此，海洋治理的

---

① 鹿守本、宋增华：《当代海洋管理理念革新发展及影响》，《太平洋学报》2011 年第 10 期，第 1～10 页。

② J. M. 阿姆斯特朗、P. C. 赖纳：《美国海洋管理》，林宝法、郭家梁、吴润华译，海洋出版社，1986，第 4 页。

研究应是统御的。国内学者指出："海洋治理是指为了维护海洋生态平衡、实现海洋可持续开发，涉海国际组织或国家、政府部门、私营部门和公民个人等海洋管理主体通过协作，依法行使涉海权力、履行涉海责任，共同管理海洋及其实践活动的过程。"① 这一概念重视海洋治理活动的主体多元协同特点，强调各主体治理目标统一，近似于集体认同下形成的概念。日后海洋治理概念的完善还可从主体间性理论角度进行思考。此外，我们还应在三个层次上思考海洋治理问题：地方海洋治理（一般包括国家对海岸带、港口、海洋社区的治理）、世界区域海洋治理（同一海洋区域相关多国的协调治理）、全球海洋治理。三个层次对于同一海洋管理主体的不同角色要求也将是海洋治理问题的新关注点。

## 二　海洋治理理念转换初探

虽然尚未有学者系统性地研究海洋治理理念转换问题，但从国外现有文献分析，相关研究大多针对三个不同历史发展阶段展开。地理大发现拉开西欧国家全球扩张的序幕后，引发了"海洋自由论"与"闭海论"之争。而后，通过各海洋强国不懈的实践，"海权"论与"大炮射程说"诞生。可以说直到"国际习惯"概念的提出，国际海洋法才真正有了萌芽。海洋治理理念的形成以1930年国际法编纂会议召开为标志，海洋治理主体性、利益主体、自由竞争理念受到推崇。20世纪末海洋治理理念迎来发展的关键节点，1982年的《联合国海洋法公约》使得海洋治理主体间性理念成为主流，这是以"公域悲剧"、经济全球化、交互主体性理论等为基础而推动的。此时，海洋区域治理、海洋综合治理被广泛应用，海洋经济与社会协调持续发展的趋势渐渐形成。更易被接受的一种描述是：海洋治理由"自由竞争"理念向"平等共享"理念转换。以下回溯历史以窥究竟。

第一阶段为从大航海时代开启的14世纪到1930年国际法编纂会议召开前，这一时期为海洋治理理念的萌芽期。格劳秀斯的"海洋自由论"和赛尔登的"闭海论"之争使世界认识到海洋将是人类真正的角力场，无休止

① 孙悦民：《海洋治理概念内涵的演化研究》，《广东海洋大学学报》2015年第2期，第1～5页。

的海洋自由与海洋主权理论之争由此拉开序幕。格劳秀斯认为海洋必须是自由的，人类不应占领和瓜分像空气和海水那样广袤无垠的自然资源。塞尔登则认为海洋应具有领土概念，和陆地一样可以由各主权国家占领。两种理论虽然纷争不止，但绝不是要将对方全盘否定，反而是彼此蕴含，在何种理念应为主导上进行辩论。直到 18 世纪，范・宾刻舒克使格劳秀斯的理念走向实践，并推动了其学说向前发展。宾刻舒克在《海洋领有论》中提出了领海与公海的划分，他认为国家可以占有海洋的一部分，著名的宾刻舒克“大炮射程说”由此诞生，其认为领海的界限应是大炮射程所及之处。这一观点以国家领土安全、防止敌人从海上入侵为出发点，本质上依然是对土地统治权的保护与确认。

欧美学者关注到，15 世纪后欧洲主要海洋国家，尤其是英格兰与斯堪的纳维亚半岛各国开始主张区域海洋的管辖权。同时，伊比利亚半岛上的葡萄牙与西班牙对黄金、蔗糖等交易品的追求使其不断充实海军实力，欧洲其他国家意识到威胁从海上而来的现实性，以保障安全为出发点的“大炮射程说”逐渐得到认可。英国学者富尔顿在 *The Sovereignty of the Sea* 一书中的观点是，西欧国家的全球贸易和殖民扩张主要通过海洋完成。习惯法确立了公海与领海的划分，公海航行自由满足了它们对外扩张的需要，而领海制度则着眼于实现沿海国安全。这一时期，国家海洋活动的程度取决于国家实力和海军力量的强弱。早期对于海洋主权的取得与陆地主权取得相类似，都以武力来实现。[①] 从维京人的早期航海活动到汉萨同盟以贸易为主要目标的航线垄断行为，以及热那亚人通过制海权获得的地中海霸主地位，均体现出海权在海洋开发利用上的重要作用。先后成为日不落帝国的西班牙和英国在扩张殖民地、控制海上贸易路线上也是通过海权的确认与威压实现的。大航海时代的航海家们不断拓展着人类对世界空间的认知，海洋成为人类对自由想象的图腾，而占有无主之地也正是那些满怀雄心的欧洲统治者热切渴望的。在这个时代，冒险家与野心家前所未有地达成了默契。

美国历史学家马汉（Mahan）提出的“海权”（Sea Power）概念可以反映当时海洋大国海上活动的理念，其内涵之一是通过各种优势力量实现对

① Fulton, T. W. *The Sovereignty of the Sea*. London: William Blackwood and Sons, 1911, p. 359.

于海洋的控制。而对海洋的控制与争夺势必引发海洋大国之间的战争。各国作为攫取海洋利益的主体在400余年的时间里侵夺彼此，其恶尽显，催生了20世纪善治海洋的需求。

第二阶段为从20世纪初到20世纪80年代，这一时期明显从“实然研究”的主阵地向“应然研究”转向，由此在真正意义上形成了海洋治理理念。1930年国际法编纂会议的召开是其形成的重要标志。此时，人类的海洋活动逐渐摆脱无序状态，随着国际秩序的变革，马克斯·韦伯等一批思想家为人类海洋活动增添了“理性”色彩，推动了海洋治理理念的形成。《联合国宪章》中国家主权平等、禁止使用武力和不干涉内政等原则的确立，使海洋政治和法律演进冲破了传统国家间权力政治的禁锢，规则和秩序被引入了人类利用海洋的活动之中，确立了海洋治理的主体性理念、利益主体理念及自由竞争理念。

1930年国际法编纂会议开始试图建立国际统一的海洋治理理念，与会各国在核心概念问题上没能达成一致意见，会议没能产生纲领性文件。二战后，在联合国国际法委员会的推动下，1958年联合国第一届海洋法会议制定了“日内瓦海洋法四公约”，实现了海洋法的编纂。到20世纪60年代末70年代初，联合国大会在处理和平利用国家管辖以外海床和海底的问题时，意识到海洋问题彼此密切相关，需要将其作为一个整体来考虑，从而决定召开第三届海洋法会议，建立与国家管辖以外海床和海底及自然资源公平利用有关的国际制度，包括一系列涉及公海、大陆架、领海、毗连区、海洋资源养护、海洋环境保护及海洋科学研究等的问题。[①] 联合国在1973年至1982年组织召开的第三届海洋法会议颇有成效，与会各国在多个重要问题上达成一致，最终诞生了《联合国海洋法公约》。在这期间，强调主体性的海洋治理理念逐步转向强调主体间性的理念，利益主体向治理主体转换的要求也逐渐明晰。

第三阶段为从20世纪末至今，这一时期，哈贝马斯、吉登斯、布迪厄、帕森斯等一众学者做出的杰出理论贡献，推动了整个人类社会对现代性的反思，海洋治理理念也随之发生转换。诺思等在新制度经济学中的阐释和

---

① 王阳：《全球海洋治理：历史演进、理论基础与中国的应对》，《河北法学》2019年第7期，第164～176页。

政治哲学领域中一大批背景不同、观点各异的理论学家如罗尔斯、诺奇克、哈耶克、福山等对国家治理与世界秩序的论述都使海洋治理理念有了新的理论支撑。这一时期，海洋治理理念转换的思想基础在《德意志意识形态》和《资本论》之中早有表述。在人与自然关系问题上，马克思克服了费尔巴哈将自然界当作纯粹无思的“对象物”的局限性，开创了“动态平衡”式的原初关系本体论。诚然，作为人类本质本真体现的“实践”则成为人与自然交互作用的核心介质。正是通过社会实践，马克思超越了西方传统文化中存在的以强调“主体－客体”二元对立为哲学基础的“人类中心主义”认识论，将人与自然关系问题放到社会历史发展的广阔视域中展开考察，从而实现了自然问题社会化：“社会是人同自然界的完成了的本质的统一，是自然界的真正的复活，是人的实现了的自然主义和自然界的实现了的人道主义。”这样，自然界将真正融入社会发展和人类进步的历史进程之中。这里，我们需要从自然与人两个方面来阐述这种新的“交互主体”逻辑。《联合国海洋法公约》规定了沿海国和内陆国的海洋权利。这种权利的基础建立在对海洋空间和海洋资源的分配之上。第三届海洋法会议对于海洋空间九大水域的细分明确了各国的海洋主权和自由，也涉及保护海洋环境的共同责任和如何共享海洋权益的问题，在全球海洋治理问题上给出了指导性意见。另有不少学者通过对这一时期海洋实践活动的研究，发现了海洋治理由自由竞争理念向平等共享理念转换。

## 三　海洋治理理念转换的研究意义

现有文献涉及海洋治理研究的多个方面，包括基本理论和概念分析、治理体制改革创新、运行机制等，较为明显的共性问题是，均偏重于海洋治理某一方面的具体研究，而对海洋治理缺少统御的宏观的研究、系统性的理论思考和对策思路。现有研究对理论的研究流于浅层化和表面化，缺少厚度。而大多数国外研究者缺乏多边主义思维，忽视全球价值链，对海洋治理问题的思考往往只局限于某一区域之内；不可避免地受到研究者学科的局限，往往带有各自的学科背景和思维痕迹，在研究视角上很少运用到哲学的知识，且对新兴的公共治理和公共治理理论缺乏应有的自觉运用。研究者从本位主义出发观察和研究各自领域的问题和对策，即无法从全局角度审视和考察海洋治理问题。此外，以海洋治理理念为主题的系统性研究匮乏。我国海洋治理现状反映出海洋治理的主体多元性仅存在于学术研究与指导文件中。海洋治理实践活动依然强调国家行政主体性，依赖政府的政策与指导。多元治理主体良性互动带来的实践成果未能及时被总结，重要的理念转换节点常被忽略，从而延缓了海洋治理理念的发展与完善。细致地研究海洋治理理念转换，可以为未来的海洋治理活动提供依据。

就研究价值而言，现有的海洋治理研究多数是政治学、行政管理等学科从实证层面进行的对策性的具体研究，缺乏哲学维度的理论深度，特别是对海洋治理理念层面缺乏应有的研究。应从理论层面出发，注重海洋治理理念的研究，而非经验事实层面的实证研究，尝试开阔海洋治理研究的哲学视野，进而丰富和深化有关海洋治理的多向度研究。学术界对“海洋国家”的认识，长期深受西方理论话语的影响，可以通过对海洋治理理念转换的研究透彻分析海洋治理理念如何发展，反思既存话语体系，解构西方话语霸权，这是一个有利于中国海洋事业发展的祛魅过程。

在学术理论上，对海洋治理理念转换的研究必将为海洋治理理论研究开拓一片新的领域，并为旧有理论的反思提供方法与工具，理论的创新与反思在海洋治理活动的实践中也将会得到切实体现。科学的研究逻辑将理论与实践统一在科学环内，这种演绎将推动理念的不断发展，加快人类对海洋的认知速度。就现实意义而言，海洋治理理念的本质是人类如何与海洋协调发展，重视人类涉海活动过程中及之后产生的矛盾冲突，并从宏观上提出指导政策方针、规划原则、行为准则等的指导意见。而海洋治理理念与海洋治理活动协调的一致性，不仅表现在其活动过程之中，更重要的是表现在其理念转换过程中。任何一个海洋治理理念的采用和实施，不应以人的意志为转移，涉及海洋治理主客体的总体、子总体的每一部分，并贯穿始终。

海洋治理的现状与海洋治理学术研究的现状均需要对海洋治理理念展开深入研究，这无疑是学术界未曾重视的一部分，具有极大的学术潜力。综合国内外学者对海洋治理概念的总结，可以得出结论：海洋治理理念研究中的海洋治理应采用最广义的定义，治理的主体不仅是国家与国际组织，还应包括各级各类非政府组织、非营利组织、商会团体、涉海公司企业以及其他涉海团体或个人等。海洋治理内容应主要包括涉海经济活动与海洋可持续发展战略，“所谓海洋经济，是产品的投入与产出、需求与供给，与海洋资源、海洋空间、海洋环境条件直接或间接相关的经济活动的总称”①。治理的外延包括海岸带、港口、海洋社区及其群体间、个体间、群体与个体交互而成的社会系统、子系统，由上述对象组成的关系网络即可被理解为海洋社会，在这一场域中产生的政策、理论、战略也应是海洋治理的研究对象。

基于以上分析，我们需运用海洋治理理念结合我国具体海情和建设实际，对海洋治理问题予以具体化、细化的研究，然后推进模式的整体构建，并增强其可操作性，使之在海洋治理的一切活动中得以实现。通过对海洋治理理念转换的总结与发展，将使海洋治理的理论和方法更加科学、专业化，使海洋事业可持续发展，成为全球治理系统的重要组成部分。海洋社会的发展将破解人类当下的发展难题，带领各国走出单边主义的泥淖。应以海洋治理理念转换为切入点，系统地对海洋治理理念的历史传承、理论形态、逻辑内容、内在本质、现实困境进行深刻反思，最终提出追寻海洋国家共同体之路的构想。

## 四　结语

海洋治理需要正确的海洋治理理念作为指导，其是主观对客观的反映，不同国家、地区的海洋治理组织形式及运行机制均能体现出理念之异同。对海洋治理理念转换的研究，实质上是通过研究其转换过程来把握海洋治理理念是如何发展的，掌握发展规律用以指导实践。理念无论是对思维还是对实践的全过程都是十分重要的。海洋治理理念的形成是人们科学思维的总结，具有科学的理论与实践价值。海洋治理理念是海洋治理中具有延续性的思想及其观念体系所展现的深层次精神与价值取向。海洋治理主体性理念、利益主体理念、自由竞争理念形成于 20 世纪初，但向主体间性理念、治理主体理念、平等共享理念转换的时间节点不同。对当代海洋治理理念的本质解读与多维批判反思，应从思潮、政策实践的层面加以把握，并从价值观、运行方式、制度结构、政策实践等方面对其进行扬弃。以海

① 徐质斌：《海洋经济与海洋经济科学》，《海洋科学》1995 年第 2 期，第 21 ~ 23 页。

洋国家共同体概念构建海洋治理新理念。把握海洋治理的动态变迁，既揭示本体论者所关注的内部结构特点，又要避免把海洋描绘成一个外形不断变化但内核却固定如一的流动着的集合体，以此破解单边主义，维护多边主义，推动全球价值链的形成。海洋治理理念具有历史阶段性，每一阶段理念的发展都与当时的治理实践有关，比如葡萄牙世界性海洋强国理念是通过内部建设、点线并重、掠夺瓜分三大策略实现的，英国的海洋核心战略理念是通过商业霸权、海军建设、滨海治理机制、思想统筹等策略实现的。20 世纪的美、俄都在不断调整国家海洋治理理念。海洋治理理念需要不断革新、发展。

应通过研究海洋治理理念的转换，从中总结规律，以便更好地探讨未来何种海洋治理理念是符合规律的、合理的、合乎现实的。人类开发利用海洋的具体活动必然受相关制度、管理方法的约束，而无论哪一国家或组织的制度、方法及运行机制必然由其治理理念所引领。故论及本质，海洋治理理念是各类海洋社会发展问题的根源，必然影响海洋活动行为主体的意识，体现在海洋活动的各个环节之中。海洋国家应求同存异，在动态平衡中持续发展，达成共识，追寻一条构建海洋国家共同体之路。

# 渔民群体与渔村社会

中国海洋社会学研究
2021 年卷　总第 9 期
第 45 ~ 57 页


# 南海海域沿岸捕捞渔民的社会保障研究*

高法成　何德卓**

**摘　要：** 海洋沿岸捕捞渔民文化水平偏低，谋生手段单一，且目前依然坚持从事捕捞活动的渔民更多的是无学历、只会捕鱼的中老年渔民，他们不了解也不愿意了解社会保障，与其他社会阶层交流较少，更不愿意与政府部门打交道，其承担风险的能力也是最差的。尽管年青一代的渔民有了更多的谋生出路，但因为老一辈的影响和家庭的羁绊，能突破上一辈因循守旧的生活轨迹的也是少之又少。在海洋生态保护日常加强、沿岸捕捞作业越来越受控制的情况下，引导新生代的渔民转向其他产业，增强他们应对风险和突发事件的能力，重要的出路就是强化他们的社会保障意识，打造更加适合他们的社会保障政策，从而使他们勇于进取，改造自己，融入新时代。本文通过对沿岸捕捞渔民的访谈、观察，着重从渔民的社会保障组成、落实和渔民对社会保障的认知感受、期待等方面进行分析，探究沿岸捕捞渔民社会保障体系的现状和存在的问题，从而提出相应的对策。

**关键词：** 南海海域　沿岸捕捞　海洋渔民　社会保障

---

* 本文为教育部人文社会科学研究项目“海洋生态保护政策下的南海渔民可持续生计研究”（项目编号：21YJA840006）、2021 年度广东省普通高校特色创新类项目“海洋生态保护和伏季休渔双重作用下的广东渔民可持续生计研究”（项目编号：2021WTSCX037）的研究成果。

** 高法成，广东海洋大学社会学系副主任，博士，副教授，研究方向为应用社会学；何德卓，广东海洋大学社会学专业 2015 级本科生。

由于海洋污染，我国海洋沿岸捕捞资源数量日益减少且质量不断下降。与此同时，海上航线的繁忙、港口建造等对海域的占用，使得可捕捞区域变化较大；《中越北部湾渔业合作协定》的实行和国家对近海捕捞区域日渐严格的管理，使得渔民作业区域大幅缩小，自然也影响到了捕捞数量和质量。其中最重要的后果就是渔民收入增长速度减缓，甚至有渔民出现返贫问题，这使得之前被渔民忽视的社会保障成为大家关注的焦点。我国的社会保障制度是贫困者的一条生命线，对稳定社会经济、保障和改善人民生活具有重要意义，但渔民因职业特点与收入不稳定等问题，且日常作业离陆时间较长，一直未能完全参与社会保障，甚至有相当数量的渔民放弃了社会保障。沿岸捕捞渔民在沿海分布最广，是海洋渔民中基数最大的群体，其依靠传统作业方式，谋生手段单一，风险承受能力最弱。他们面临着自然和市场的双重高风险和社会保障制度不完善的困境，如何完善他们的社会保障制度，缓解生态保护引致的个体经济萎缩问题，这是我国社会保障制度发展过程中遇到的重要问题，也是容易被忽视的问题。

## 一　问题的提出及研究评述

社会保障制度的建设和完善是现代社会进步的重要标志，其往往被称为社会的“稳定器”，一直受到国家和社会的重视。但由于长期处于社会边缘，渔民的社会保障没有受到足够的重视，从目前的文献来看，关于渔民社会保障的研究非常少，在具体的研究中又没有重视海洋渔民与土地农民间的阶层差异和作业特点，未能形成问题聚焦。现有研究主要集中在以下三个问题域。

第一，认为渔民社会保障需要受到更多关注。张晓鸥在《渔民迫切需要国家提供社会保障》中提出，渔民社会保障应该受到国家的关注，需要国家层面出手立法，制定和完善相关法律。[①] 韩立民、陈自强认为我国已完成初步的工业积累，应该进入工业反哺渔业的阶段，可借鉴外国的社会保障制度建设，积极探索，尝试更多的方式建立具有中国特色的渔区新型社

① 张晓鸥：《渔民迫切需要国家提供社会保障》，《调研世界》2005 年第 7 期。

会保障体系。[①] 李振龙从渔民的角度出发，认为由于渔民的收入问题和长期高强度作业对身体的损害，依靠家庭、集体、社会的渔民传统养老模式已不再适用，政府应关注渔民的养老社会保障，建立、完善渔民社会保障体系，妥善考虑失海和年老渔民保障需求。[②] 曾梦岚从渔民社会保障体系的构建视角认为，当前人们比较重视渔民社会保险制度、最低生活保障制度，对渔民的社会福利、互助保险、政策性保险关注较少，因此要针对渔民的社会保障的特殊要求进行具体分析。[③] 学者们首先关注了国家与政府层面对渔民社会保障给予的支持，指出了渔民的社会保障受到的重视不够，国家应该对渔民的社会保障给予更多的关注和支持。

第二，调查我国渔民社会保障制度具体的实施状况。同春芬、毛昕提出，对于失海渔民应按照政府主导、统一和法制化原则，建立完善的最低生活保障政策、就业保障政策、养老保障政策和医疗保障政策。针对失海渔民的、使之摆脱弱势地位的、完善的社会保障政策体系是维护渔民基本权益，保障渔民收益、生存和发展的必要手段。[④] 肖小霞、裘璇则针对上岸渔民年龄偏大、文化程度低、职业技能缺乏等问题，提出了建立渔民基本生活保障制度、养老保险制度、下岗失业救济金制度等相关政策和建议。[⑤] 宋富军等通过对浙江省沿海主要渔区的社会调查，针对捕捞渔民保障的现状与问题，提出了完善捕捞渔民社会保障体系的重要原因、可行性及基本途径。[⑥] 可以看出，目前我国对于渔民的社会保障主要集中在养老、最低生活保障等领域。这只是最基本的社会保障，仅仅满足了国民摆脱生存危机的基本需求。

第三，探讨如何完善我国渔民社会保障制度。张晓鸥在法律层面提倡

---

① 韩立民、陈自强：《平安渔业建设中渔区社会保障体系建设研究》，《中国渔业经济》2009 年第 1 期。

② 李振龙：《积极探索建立健全渔民社会保障体系解决渔民后顾之忧》，《中国水产》2005 年第 4 期。

③ 曾梦岚：《渔民社会保障制度研究综述》，《社会福利》（理论版）2016 年第 2 期。

④ 同春芬、毛昕：《“失海”渔民社会保障政策实践及体系构建》，《青岛农业大学学报》（社会科学版）2012 年第 4 期。

⑤ 肖小霞、裘璇：《内河上岸渔民的生存现状和社会保障探索——以广州市为例》，《改革与战略》2008 年第 1 期。

⑥ 宋富军、张义浩、张滢：《关于浙江捕捞渔民基本生活保障问题的调研》，《渔业经济研究》2006 年第 5 期。

构建渔民的社会保障体系，建议为渔民建立社会保险、渔民集体互助保障和渔民商业保险相结合的渔民社会保障框架，以实现渔民的社会保障，维护渔民的合法权益。① 韩立民、陈自强则认为应优先选择渔民最低生活保障制度、渔民养老保险制度、渔民工伤医疗保险制度和渔民失业保险制度作为渔区社会保障体系建设的突破口，尝试新的保险制度。② 叶晓凌认为要将渔民社会保障与渔民组织、政府制度与管理方法相结合，重新构建渔民社会保障制度。③

当前学者们关注的对象为大型渔业、集体渔业和渔民社区，关注的内容为整体社会保障制度的完善与强化。在渔民阶层中，更关注的是“失海”“双转”类渔民，对仍在从事沿岸捕捞作业的渔民的关注度不够。同时，建议的社会保障体系研究尚未形成政府可接受的政策，商业保险对于沿岸捕捞渔民来说成本过高。

## 二　沿岸捕捞渔民的概念及其主要社会保障

沿岸捕捞渔业是小型渔业中的一种。通过文献比对，目前对于沿岸捕捞渔民并没有统一的定义，研究也较少。FAO（联合国粮食及农业组织）、WFC（世界渔业中心）对小型渔业的概念的基本表述是：使用低功率的小渔船，以家庭和社区为主要生产单元，在近岸或近海使用机械化或手工渔具以及少量的电子装备进行渔业作业，所得渔获物用于家庭消费以及出售到当地或国内外市场的劳动密集型产业。中国学者对渔民的关注大多是大型渔业和整体渔业，对小型渔业关注较少，只有少数文献对小型渔业下过定义。杨晨星研究了中国小型渔业及其管理研究方法，将小型渔业定义为：不使用渔船，使用非机动渔船，或使用主机功率不满 44.1 千瓦的机动渔船在内陆、沿岸或近海从事捕捞作业的渔业。④ 陈志君认为小型渔业是非城镇

① 张晓鸥：《对渔民社会保障的法律思考》，华东政法学院硕士学位论文，2004。

② 韩立民、陈自强：《平安渔业建设中渔区社会保障体系建设研究》，《中国渔业经济》2009 年第 1 期。

③ 叶晓凌：《论渔业互助保险的政策功能——基于政府目标实现的视角》，《上海保险》2011 年第 10 期。

④ 杨晨星：《中国小型渔业及其管理研究初探》，中国海洋大学硕士学位论文，2011。

渔业人员利用小型渔船（60 马力以下）或非机动渔船在沿海从事捕捞作业的渔业活动。[①] 通过实际调查和文献查阅，结合渔民的现状，本文将沿岸捕捞渔业定义为使用小型渔船（60 马力以下），以家庭为主要生产单位，工作时间为 6～12 小时，在沿岸近海从事捕捞作业的密集型渔业活动。沿岸捕捞渔民是指从事上述沿岸捕捞作业的个体，完全依靠自然状态而行动。

我国渔区社会保障体系主要包括渔民社会保险、渔民社会救助和渔民社会福利三大方面[②]，主要由以下四项内容构成。

**1. 渔民最低生活保障**

渔民最低生活保障属于社会救助，用以保障渔民最基本的生存权利，对特别贫困人口提供一定的现金支持，以保证该社会成员能够满足生活所需，对达到低保线的人口给予相应补助以保证其基本生活需要，是“社会最后一道安全网”。渔民最低生活保障主要针对突发情况，以帮助渔民家庭度过失去支柱的生活时期。因为渔民生产具有高风险性，一旦出现事故，可能就是船毁人亡，这对于捕捞渔民家庭来说意味着主要劳动力的丧失，对整个家庭是毁灭性的打击，所以渔民的最低生活保障对于小型渔民家庭来说是最后一道安全网。

**2. 渔民基本医疗保险**

医疗保险是针对高额的医疗花费的，参保人员在产生医疗费用的某些情况下，可以从医疗保险机构获得部分金钱补偿。因为沿岸捕捞渔民一般是个体劳作，并没有工作单位，也没有工伤保险，所以医疗保险是渔民应对海上作业容易受伤且具有风湿病隐患的特定方法。高强度的体力劳动和长期的水上劳作让渔民的身体更容易受到疾病的侵害。基本医疗保险可以使患病的社会成员从社会中获得必要的物资帮助，减轻医疗费用负担，对渔民家庭来说具有不可忽视的作用，可防止患病的社会成员“因病致贫”。

**3. 渔民养老保险**

渔民养老保险的目的是保障老年人的基本生活需求，避免其老无所养。我国养老保险是指政府主导的社会统筹与个人账户相结合的基本养老保险制度。高强度的体力劳损和连续长时间的工作状态，导致渔民积劳成疾，

---

① 陈志君：《中国沿海小型渔业产能和经济效率研究》，中国海洋大学硕士学位论文，2014。

② 韩立民、陈自强：《平安渔业建设中渔区社会保障体系建设研究》，《中国渔业经济》2009 年第 1 期。

所以渔民一般在 50 多岁时就不能从事捕捞作业了。而渔民远离陆地作业，很难习得其他的谋生技能，也没有土地可以依靠。老年渔民一般只有依靠子女的孝敬、以前的存款和基本补助来支撑生活。所以渔民相对于农民更需要适合的养老保险。

**4. 渔民生产补贴**

除了常见的保险，由于捕捞的高风险、高投入，捕鱼时间的特殊性渔民生产一般还会有补贴，比如油料补贴，一般为主机总功率（千瓦）×补助用油系数（元/千瓦）×作业时间（以证件时间为主）。沿岸捕捞渔船一般一年的油料补贴大概为 1 万元到 1.5 万元。由于每年都会有禁渔时间，所以渔民也会有禁渔补贴，这是考虑到渔民作业的特性而进行的人性化设置。除了这两样常见的补贴，其他的还有新船补贴、失海补贴、转型转产补贴等，但多是一次性的。

## 三　沿岸捕捞渔民的社会保障状况——以广东湛江为例

湛江渔业正积极进行转产转业，但有一部分渔民学历不高，主要谋生手段也只有出海捕鱼，且社会关系只局限于周边渔民群体。他们中的主体就是沿岸捕捞渔民。我们分别在湛江市访谈通明港渔民 4 人、村干部 1 人，东南码头渔民 5 人，硇洲岛渔民 4 人，塘东渡口渔民 2 人、村干部 1 人，特呈岛渔民 3 人，雷州乌石镇 6 人。访谈地点为渔民靠岸的渔船上或者是渔民家里。通过观察我们发现，被访渔民的房屋多是小层楼房，生活条件稍微优越于普通的农民。目前湛江渔民自主实行家庭自我保障与集体互助相结合，并以家庭自我保障为主的保障制度。其他的社会保障并没有得到关注和认可。渔民与农民在社会保障上并无太大的差异。

塘东村村党支部书记一开始就直说“渔民没什么保障的”，因为渔民都有自己的资产如渔船和捕鱼工具，这些价值不菲，所以渔民家庭一般不属于低产家庭，基本不会得到贫困补助。“农民或许会有贫困补助，但是渔民的生活水平和收入是比农民高的，社保补助更多的是考虑那些孤寡老人或者贫困农民。最起码渔民还有渔船，财富是比农民多的。”当谈及渔民在作业中发生意外、造成财产与身体损害，他们能否得到足够的补偿度过困难时期时村党支部书记又改变了之前的说法，说渔民是可以通过医保、财保获得一些补偿的，但这并不能对渔民的损害情况有所改变，“补偿款太少了”。渔民是否有什么互助措施呢？村党支部书记表示村里面没有什么互助、补助，“村本身的财政是不足的，平时修路都需要发动村民捐款，怎么可能有钱去帮助渔民补船”。

湛江沿岸捕捞渔民多以夫妻档或家庭档为主，参与捕捞的人数多为两人到三人，至多有一个雇工。访谈中只遇到一户子承父业的捕捞家庭，是一陈姓夫妻带着一个儿子。夫妻二人大概 40 多岁，儿子 20 岁上下。他们的渔船上随意堆放着密密麻麻刚拉上来的渔网，三人从网上解下螃蟹等海货，然后分类整理好，放在桶里面。渔船上仅有一小部分搭了棚子，条件一般。男船主表示：“凌晨出海，太早没有早餐买，都是吃了些昨天的面包垫肚子。今天的收成还可以，大概有三四百块的收入。”这是他们的工作常态：凌晨出海，然后当天上午回来正好吃午饭，下午修补渔网或是准备晚上出海。陈仔熟练地将螃蟹解下，绑好，丢进桶里，一气呵成。他是高考失利后因为缺乏谋生技能，跟随父母出来打鱼的。陈仔觉得渔民靠天吃饭，日晒雨淋的高强度工作太难受了，但不会其他技能，在家待着又没事，正好可以帮帮忙。他的父母也觉得太过于辛苦而不想儿子继续渔业工作，想让他趁年轻出去学门手艺养活自己。而且这对渔民夫妻在供完孩子读书步入社会后也想着不再干这行了，“供完孩子读书就轻松点，不用这么辛苦，而且现在打鱼难做，海里都没有什么东西可以抓了”。被问到打算以后做什么时，男主想了想摇摇头，“还有个初中的小孩，先把孩子读书供完吧”。在被问及社会保障的时候，男船主茫然地摇摇头，说自己没有关心这个，好像也没有什么印象，不知道什么社会保障的东西。被问道平时受伤怎么办时，他笑着说还能怎么办，自己去买点药弄好就可以了，只有受伤严重需要去医院时才会带医疗卡，可以减些钱，医疗卡是村里统一办的（所有村民），其余的花费都是自己负责。其他方面是否有政府补贴了呢？男船主说：“换新船政府补贴了七八万（元），其他的自己没有怎么关注，因为平时也没有用到，文化水平又不高也没有怎么了解。自己过好自己的生活就好了。大额的金钱支出一般是跟家里亲戚借。”对于社保的期待，“当然是希望越来越好。政府关注渔民的生活，我们的日子就好过，希望政府能够多关注渔民捕鱼的海域和水质，因为现在允许捕鱼的海域越来越小，水质越来越差，所以渔民越来越难做。鱼虾也越来越难捕”。在对其他渔民的访谈中，较多渔民认为他们所享有的社会保障只有医疗保险和养老保险，并不了解其他的社会保障制度。他们对社会保障的接受比较被动，没有主动运用社会保障的能力，未能够在陷入突发情况和困境中时主动寻求有关部门的帮助，更多的是个人承担和依赖于血缘关系，这均属于私人领域。

渔民最直接接触的部门是渔政部门，他们接受渔政部门的管理。第一类接触是年度渔船证、船员证等证件的办理；第二类是各种的油料补贴、休渔补贴等渔民补贴的办理；第三类是各种必要的保险如船险、人身保险的办理。这几类事项关乎所有渔民的切身利益，也是访谈中大多数渔民所反映的一年中少有的接触渔政部门的机会。渔民对于渔政、海事、海警、边防等部门的接触大部分还是处于被动状态。在渔民社会保障方面他们很少有主动的意识去参与和维护，更多的是对普通农民的社会保障如养老保险、普通医疗保险会了解多一些。访谈对象中有 75% 以上的渔民是对政府的渔民政策一知半解的，消息来源大多是听渔政的工作人员介绍，但自身对政策的理解并不够。通明港一位退休的老渔民，60 多岁了，就是以捕鱼为生，现在干不动了只能在家里带孙辈。他的养老生活靠的是村里统一办理的养老保险和儿子的赡养。当被问到渔民身份是否给他带来了别的养老资助时，老人表示没有，“这个养老保险是每个村民都要办理的，有这个了还办其他的干吗”。谈起社会保障时，老人摇了摇头，他之前有过一次理赔，印象非常不好，主要是办手续来回跑，花费在路上的钱和时间太多了，再加上耽误的出海时间，这样算下来理赔成本太高了，最后理赔下来的金额可能还不够弥补损失。在出现台风天气时政府会对渔船进行管理，对于受灾受损的渔船，渔政部门会下来拍照记录，也会有相应的赔偿。但是也有一些渔船没有获得赔偿，每次渔政的说法都不同。对于政府，老人的印象多停留在罚款、扣船上面，比如哪个海域不可以进行捕捞活动了、被抓到要拿钱赎船了，这些都是由政府规定的，他也不太清楚是怎么回事。老爷子愤懑中又有些无奈，“他要罚款就只能给他咯，没有渔船你怎么生活啊”。这种不愉快的经历降低了渔民对政府有关部门的信任度，从而使其对社保也有抵触心理，再加上理赔的手续烦琐、金额相对不多，最终导致渔民对社会保障更加漠视。

在其他方面如购买渔船的保险，渔民有更多的抱怨，“我们也不知道保险有什么用，政府的人让我们交钱办保险就得交，不然他就不给你办证，你没有证就不能下海捕鱼”，但是在船员受伤的时候渔民却靠自己的方法解决，基本没使用过保险。渔民与渔政的关系并不属于真正的“亲密关系”，渔民接受渔政的管理，但有其独自工作生活的空间，如果没有突发事件如台风灾害、禁海纠察将两者联系在一起，他们几乎彼此相安，如同陌路。

在渔民的印象中，参加社会保障的主要途径就是到有关部门办理，所以相对的参加社会保障的途径也就很少。而已有的社会保障在落实上也得不到渔民的认可。渔民合法享有的油料补贴和休渔补贴存在拖欠情况，塘东的一名船主讲述了自己的经历：“按照历年惯例，在签名表上签名确认后，就会有油料补贴钱打到卡里面，我们的名单已经签名确认很久，但补贴的资金有好几年都没有发放。详细原因我们也了解不到，肯定就是他们不想给我们油料补贴。”同时，在需要社会保障的情况下，社会保障的理赔比较烦琐和效率低下，而且理赔的资金相对于医疗费来说没有多大作用，获得的补贴难以用来应对困境。所以在访谈中，渔民会说，希望政府走近渔民的生活，真正知道他们需要什么。首先需要现有的社会保障能够起到作用，先把现有的社会保障的作用发挥出来后才能谈新的社会保障。渔民更多地倾向于通过亲朋好友等血缘、地缘关系解决问题，不佳的参保体验导致大家对社会保障的参与意愿不强。

## 四　沿岸捕捞渔民社会保障存在的问题

渔民在其 60 岁后所获得的养老保险补助仅能维持基本生活，医疗保险起报线较高，报销费用相对于医疗费用而言杯水车薪，难以满足渔民对医疗保险的要求，当前的社会保障不能够应对现在渔业的发展状况，渔民社会保障的发展慢于渔民的现实需要。这导致了以下几个问题。

### （一）对社会保障的参与性不强，信心不足

渔民社会保障意识不够高，个体捕捞渔民类似于一个个体户，自己主管自己的生计。所以每个捕捞渔民都是以一艘渔船为单位的个体。受我国传统小农思想的影响，渔民是团结在家庭周围的，在养老方面和突发困境的时候更愿意动用血缘、地缘关系解决问题，对社会保障还在观望，而非主动选择偏向陌生的国家体系。渔民参保的新型医疗保险报销的比例相对

来说很低，相对于医疗费用而言不过是杯水车薪，难以满足渔民的需求。还有，渔民的补贴没有落实到位，加深了渔民对社会保障的失望程度。因此，渔民参与社会保障的主动性不强，对社会保障的信心不足，更愿意相信和依靠自己的关系。在访谈中被问道有没有主动了解要办什么保险的时候，渔民们一般是摇摇头，说政府部门的人叫办什么就办什么。办了有什么用呢？他们其实也不太清楚，只能简单理解为这个是保险，但是具体的作用、条件、赔付标准他们都并不详细了解。如果出了事，小的自己垫上钱，大的找银行贷款或者找亲属借钱解决。

## （二）社会保障制度的执行与落实存在短板

渔民应有的油料补贴和休渔补贴存在延迟发放的问题。在渔民需要社会保障的时候，存在烦琐的手续、往返花费的金钱较多和时间成本较高等问题。社会保障的资金落实不到位，以致渔民对渔政部门心存不满，进而发展为对社会保障的失望和不信任。湛江经济尚欠发达，政府财力有限，并不能够实现渔民提高社会保障水平的愿望。而对于渔民来说，传统的劳作方式和思想，形成了传统的解决方式。他们对于新的保障模式不太愿意主动接受，造成了对社会保障的不参与、不关注的现象。这不利于社会保障制度的建设。

## （三）社会保障制度管理体系不完善

渔民社会保障的管理体系不够完善，有部分渔民参与了社会保障，但在需要社会保障的帮助的时候，有关部门未能够及时有效地回应，未能做到服务便民。在制定农业政策时，针对农业会有很详细的说明和部门责任，但在制定政策的时候并没有特别列出关于渔民生产活动的特殊政策。社会保障事务分散在各部门，手续繁杂，职责不明确，没有统筹管理。出现这一现象的原因有以下三点。

### 1. 经济水平限制了社会保障的发展水平

南海海域沿岸城市经济发展处于落后状态，政府财政收入不高，难以兼顾捕捞渔民的社会保障，导致其社会保障的基金不足，从而陷入发展的困境。城市经济获得迅速发展，城市社会保障体系也随之出现，城镇职工较早地享受到较为完善的社会保障。但是，在我国广大农村，经济改革和家庭结构变化以后，社会保障体系发展缓慢，渔民生活遭遇更大的挑战。渔民社会保障体系也没有得到相应的发展。

**2. 相关部门与渔民的沟通交流的问题**

渔民对社会保障存在理解偏差。他们认为在出现问题的时候社会保障并没有起到应有的作用，如渔船被台风刮翻没有赔偿的问题，哪些情况可以获赔，哪些情况不能获赔，有关部门并没有跟渔民解释清楚。渔民没有获得赔付，那么渔民可能误认为社会保障只有付出没有获利，所以不愿意参加。有关部门与渔民之间的交流接触也是渔民不愿意参加社会保障的一大原因。

**3. 忽视国家政策变化导致的客观影响**

在21世纪初，有段时间渔产品价格上升，捕捞渔民收入水平较高，比较富裕。但后面几年渔业产品的价格下降，加之渔业资源短缺、可捕海域缩减，导致捕捞渔民收入迅速下降，其他方面的收入几无增长。渔民经历了“穷－富－穷”的变化，却没有得到社会的理解与政府基层人员的关注，捕捞渔民生活富裕、收入高一直是其他群体的固化认识，这就导致他们的社会保障不受关注。

## 五　健全沿岸捕捞渔民社会保障制度的难点及对策

近年来我国经济迅速发展，相比于城市居民，渔民还处于相对贫困的局面。国内学者逐渐把眼光放到渔民身上，关注渔民的生活和社会保障。这是全面建成小康社会、乡村振兴的必然要求，也是应对渔民老龄化的重要保障。中国老龄化问题日益严重，未富先老的现象更加凸显出社会保障的必要性。渔民传统的家庭养老、集体养老模式由于家庭和集体模式的改革，不能够满足渔民养老的要求。加之渔民的经济增长速度减缓，渔民收入相对减少，更需要社会保障的养老扶持。这是渔民家庭应对突发事件和意外之灾的最后一根保护线。渔民的大部分资产集中在渔船上，一旦渔船意外沉没，渔民将陷入绝境中。沉没成本太高，其他谋生技能太弱，夺走渔船也就夺走了渔民的谋生之路。在湛江，个体捕捞渔船上一般是夫妻档或家庭档，所以一旦发生意外，可能造成一个家庭的重要劳动力损失，使一个家庭遭受致命打击。所以渔民的社会保障不应仅针对渔民本人，还应包括其家庭，形成应对意外的一根保护线。

### （一）沿岸捕捞渔民社会保障制度完善的难点

渔民对社会保障的认知难以在短时间内改变。沿岸捕捞渔民一般年龄偏大，文化水平偏低，他们拥有的社交圈相对封闭和传统，社会保障方面的知识比较少且理解片面、粗浅。囿于固有的认识，渔民既不愿意主动接触政府人员，也不愿意主动接受新知识，加之有关部门对社会保障的宣传力度不够，对知识的宣讲浮于文字表面，这两方面的因素导致捕捞渔民自我边缘化，不愿意接受有付出的社会保障，对社会保障是否能真正维护其利益持怀疑和观望态度，甚至持悲观态度，不愿意参加社会保障。

渔民对社会保障的管理不认可，也不抱希望。在访谈中有渔民表示不管新的社会保障有哪些，现有的社会保障都没搞好。办了保险，最起码在有需要的时候能够起到作用才行。渔民遇到突发问题寻求有关部门帮助的时候，未能得到及时、有效的帮助，甚至是各个部门相互踢足球。没能从相关部门得到满意的反馈，加深了他们不愿参加社会保障的程度。这也进一步阻碍了渔民与相关部门的交流。同时由于多个部门管理渔民社会保障补贴，受到管理多头的影响，渔民与相关部门间很难形成有效对话。

渔民的社会保障资金也存在问题。南海海域沿岸城市整体经济水平落后，政府没有足够的资金投入社会保障中。

### （二）完善沿岸捕捞渔民社会保障的制度建议

渔民社会保障的参与者和领导者缺一不可。但目前湛江的渔民对社会保障缺乏必要的了解，参与意愿不强。渔民甚至存在不参加社会保障的想法。政府应该从渔民的真实想法和面临的遭遇出发，从实际出发，充分落实社会保障制度，鼓励渔民参保，在政策经济上予以支持，按“低要求进入、低标准享受”的标准落实。同时，要加大宣传力度，以真人真事展现社会保障的意义、参与其中的益处，成立专门的咨询点为渔民解答疑惑，提高渔民参加社会保障的信心和主动性，促使渔民自愿参加社会保障。

南海海域沿岸政府的财政收入都不高，这导致支持社会保障的资金较少，无法发挥社会保障应有的作用。每个人都有缴纳社会保障资金的义务，但由于渔民基数较大、参保意愿不强，所以社会保障资金缺口较大。为了解决这一问题，首先应该增加渔民的收入，例如通过税收政策向渔民提供优惠扶持，提高渔民的收入水平。政府应加大财政对渔民的扶持力度，为渔民社会保障体系提供更强有力的支撑。其次，促进社会保障基金保值增值，通过多种方式为社会保障资金注入力量。

在渔民需要社会保障的时候，应该尽快落实到位。在具体操作中，因相关事务分散在多个部门，相互职责不明确，没有统筹管理。有关部门应做到统一管理，事出有主。成立统筹管理部门，明确管理规定，提高解决问题的效率。有关单位应制定明确细致的管理规则，明确各自的责任。

综上所述，渔民的社会保障问题是我国当前面临的一大难题，是全面建设社会主义现代化国家过程中需要克服的困难。政府必须明确捕捞渔民同普通农民的差异，沿岸捕捞渔民的社会保障制度是需要进行完善的，扭转渔民对于社会保障政策的理解偏差，要把更多的小型、个体渔民吸纳进渔民社会保障体系中，构建符合沿岸捕捞渔民生活、生产特点的制度安排。相关部门的工作人员要下沉到渔民群体中，改变“官老爷”的不良形象，协助渔村增加互助、救助等社会保障补充形式，完善符合渔民需求的社会保障体系。

中国海洋社会学研究
2021 年卷　总第 9 期
第 58 ~ 74 页


# 海洋社会学视角下海岛老年渔民的获得感研究*

## ——以浙江省舟山市的 S 岛和 G 岛为例

张　雯　文　雅**

**摘　要**：“为什么尽管近年来政府不断推出改善老年渔民生活的政策措施，但是他们的获得感仍旧不足?”本文在梳理获得感相关研究文献的基础上，从海洋社会学的视角出发，利用个人生活史访谈、参与观察等方法围绕这个问题进行了探索。我们发现，在获得感的客观方面，老年渔民的获得感存在社会支持获得不足的问题；而“三种比较”对老年渔民获得感的主观体验又有着较大的影响。本文结论部分指出了海洋社会变迁与老年渔民的获得感不足之间的密切关联，并提出了相应的对策建议。对海洋社会变迁中的老年渔民的获得感进行研究，不仅有助于解决渔民本身的困境，也有助于我们理解其他被社会发展进程排斥的边缘群体的问题，从而提高社会整体的获得感。

**关键词**：海洋社会学　海洋社会变迁　获得感　老年渔民

---

* 本文为 2019 年教育部人文社科研究规划基金项目“海洋环境变迁与老年渔民生活史研究——环境人类学的视角”（19YJA840024）的阶段性成果。感谢上海海洋大学社工系和行管系部分学生的参与和支持，包括朱宇逸、祁乐、吴上祯、刘欣洋、陈思雅、刘浩霆、张荆京、王妍、江心宇。

** 张雯，上海海洋大学海洋文化与法律学院社工系副教授，研究方向为海洋社会学、环境社会学；文雅，上海海洋大学海洋文化与法律学院社工系讲师，主要研究方向为儿童福利、社会政策、环境社会工作。

## 一 问题的提出

在浙江省舟山市的S岛和G岛从事有关老年渔民的获得感调查时，一个类似于“伊斯特林悖论”① （Easterlin Paradox）的问题始终困扰着我们：为什么尽管近年来政府不断推出改善老年渔民生活的政策措施，但是他们的获得感仍旧不足？

较早的时候，由于户籍制度的作用，渔民与农民一样未被纳入养老保险的范围。我们从当地社保部门了解到，从2012年开始，年龄不超过60周岁的渔民也可以参加职工养老保险（当地简称“大社保”），在缴费的15年期间还可以享受每月80元的社保补贴。但问题是超过60周岁的老年渔民仍旧没有养老保险。2016年出台的《舟山市人民政府关于加快推进捕捞渔民养老保障工作的指导意见》打破了60周岁以上不能参保缴费的政策限制，允许60周岁以上的渔民参加城乡居民养老保险（简称“小社保”），可以一次性缴费。但是由于“小社保”优惠的力度没有“大社保”那么大，据说参加的渔民并不多，大部分的老年渔民依旧处于没有养老保险的状态。针对没有养老保险的老年渔民，2014年12月8日，浙江省舟山市政府常务会议审议并通过了《关于原集体捕捞及相关作业渔民发放生活补贴的指导意见》，从2015开始，政府发放渔民生活补贴，按照渔民的捕捞年限以每年10元计算每月补贴，渔民生活补贴每月最高可达400元。从2020年1月起实施的《关于进一步提高传统海洋捕捞渔民养老保障水平的通知》规定，渔民生活补贴从10元/月的标准提高至16.7元/月，每月最高可达668元。目前，渔民生活补贴已成为两个海岛的老年渔民最重要的收入来源。

那么这些曾经为国家渔业建设和经济发展做出贡献的渔民，当他们步入老年之后，他们的获得感如何呢？在问卷调查中，我们通过询问“对养老生活的满意程度”来了解老年渔民的获得感状况。我们在舟山的两个海岛上通过随机抽样的方法获得了120个老年渔民样本，这个问题的统计结果如表1所示。其中回答“很满意”和“满意”的共有33个，占比27.5%；

---

① Easterlin, R. A. 1974. “Does Economic Growth Improve the Human Lot? Some Empirical Evidence.” in P. A. David & M. W. Reder (eds.), *Nations and Households in Economic Growth*. New York: Academic Press, pp. 89 - 125.

回答“不太满意”和“很不满意”的共有 48 个，占比 40%。另有 32.5% 的老年渔民回答“一般”。这个结果显示出老年渔民群体的获得感比较弱。而当我们通过访谈了解老年渔民对养老生活是否满意时，也发现他们在这个问题上的不满和怨气非常多。

**表 1　老年渔民对养老生活的满意程度（获得感）**

单位：个，%

| 满意程度 | 样本数 | 比例 |
| --- | --- | --- |
| 很满意 | 6 | 5 |
| 满意 | 27 | 22.5 |
| 一般 | 39 | 32.5 |
| 不太满意 | 42 | 35 |
| 很不满意 | 6 | 5 |

为了理解这个看似矛盾的现象，一方面，我们梳理和总结了各学科已有的关于获得感的研究文献，加深了对获得感概念的理解，并与海洋社会学的理论视角相结合，形成了本文的理论思路和框架；另一方面，我们在调研地 S 岛和 G 岛通过个人生活史访谈、参与观察、问卷调查等方法发现了大量的历史和经验事实，理论与实际相结合，最终帮助我们解开了这个困惑。

## 二　理论背景与研究方法

自 2015 年习近平总书记在中央全面深化改革领导小组第十次会议上提出获得感一词以来，这个概念在中国广泛传播，不仅频频出现在党和政府的各种文件中，也成为媒体和公众使用的热门词语。在学术界，社会学、管理学、经济学等学科围绕着获得感的内涵、维度以及影响因素等问题展开了各种理论和实证的研究。

研究者们普遍认为，获得感是本土性极强的概念，它一般包括“客观获得”和“主观感知”两个方面[①]：客观获得不仅包括物质或经济利益上

① 杨金龙、王桂玲：《农民工工作获得感：理论构建与实证检验》，《农业经济问题》2019 年第 9 期。

的获得，还包括社会支持、政治权利和精神方面的获得，内涵综合而全面；在客观获得的基础上，主观感知也非常重要，同样的客观获得可能带来不同的获得感。而主观感知又常常与各种“比较”相关，反映的是民众共享发展成果的程度以及社会公平公正的程度。研究者们对获得感与其他相关概念的联系和区别进行了分析，如幸福感主要是基于个人自身的主观感受，比较容易流于空泛，而获得感相对客观；包容性发展主要是指物质层面的发展，而获得感不仅包括物质方面，也包括精神方面的内容[①]；相对剥夺感可以说是获得感的反面，是负面情感，而获得感的整体基调是积极向上的[②]。

如何对获得感进行测量呢？研究者们提出了不同的测量维度。有的使用单维度测量，通过询问“最近三年生活改善情况”[③] 或者“遇到困难时，从各类单位或组织获得帮助的程度”[④] 来了解研究对象的获得感状况。有的使用二维度的测量，如绝对获得感与相对获得感[⑤]，或者空间上的横向获得感与时间上的纵向获得感[⑥]。有的使用三维度的测量，如经济获得感、政治获得感、民生获得感。[⑦] 还有的研究者采用更为复杂的四维度或五维度的测量方法，如经济生活、公共服务、社会关系、政治参与和价值尊严获得感。[⑧]

在近年涌现的有关获得感的社会科学研究中，值得一提的是其中包含了众多的实证研究，有的以一般民众为研究对象，有的则针对城市居民、

---

① 郑风田、陈思宇：《获得感是社会发展最优衡量标准——兼评其与幸福感、包容性发展的区别与联系》，《人民论坛·学术前沿》2017 年第 2 期。

② 龚紫钰、徐延辉：《农民工获得感的概念内涵、测量指标及理论思考》，《兰州学刊》2020 年第 2 期。

③ 孙远太：《城市居民社会地位对其获得感的影响分析——基于 6 省市的调查》，《调研世界》2015 年第 9 期。

④ 唐有财、符平：《获得感、政治信任与农民工的权益表达倾向》，《社会科学》2017 年第 11 期。

⑤ 赵卫华：《消费视角下城乡居民获得感研究》，《北京工业大学学报》（社会科学版）2018 年第 4 期。

⑥ 王浦劬、季程远：《新时代国家治理的良政基准与善治标尺——人民获得感的意蕴和量度》，《中国行政管理》2018 年第 1 期。

⑦ 文宏、刘志鹏：《人民获得感的时序比较——基于中国城乡社会治理数据的实证分析》，《社会科学》2018 年第 3 期。

⑧ 龚紫钰、徐延辉：《农民工获得感的概念内涵、测量指标及理论思考》，《兰州学刊》2020 年第 2 期。

流动人口、老年人或大学生等不同群体。这些研究往往是对具体的调研数据进行量化处理，有的关注获得感本身的内涵和变化趋势，有的则建立模型，对获得感与其他多个变量的关系进行分析。文宏、刘志鹏利用 CSGS 调研数据，对我国人民不同维度的获得感进行了时序比较，认为党的十八大以来我国人民获得感总体呈现上升趋势，但也存在不平衡和不充分的现实问题。孙远太利用全国 6 省市“社会建设与社会发展”调查数据，探讨了城市居民社会地位对其获得感的影响；王毅杰、丁百仁通过对 2014 年全国流动人口动态监测调查数据的研究，发现城 - 城流动人口的获得感优于乡 - 城流动人口，并探讨了社会融入、相对剥夺与获得感之间的关系[①]；王永梅、吕学静基于北京市六城区的抽样调查，对北京市老年人的养老保障获得感及其影响因素如经济独立性、可帮忙的社工和邻居数量、养老观念等进行了研究。[②] 李睿、邓皓探讨了工科高校大学生思政课获得感的影响因素与提升路径。[③]

海洋社会学，按照杨国桢的定义，“是以人类一个特定历史时期特殊的地域社会——海洋世纪与海洋社会为研究对象，具体研究海洋与人类社会的互动关系，分析海洋开发对现代社会的影响，分析海洋开发所引发的人类社会一系列复杂的变化的学科”[④]。崔凤等认为，“所谓海洋社会学是指运用社会学的基本概念、理论与方法对人类海洋开发实践活动及其社会根源、社会影响所进行的应用研究”[⑤]。张开城等将海洋社会学的学科体系分为海洋群体、组织和社区研究，海洋社会变迁研究，海洋社会问题、社会冲突与控制研究，人类重要海洋活动的社会学审视，海洋文化和历史研究五个部分。[⑥] 可见，海洋社会学注重研究海洋开发所带来的海洋社会变迁和海洋

① 王毅杰、丁百仁：《流动人口的社会融入、相对剥夺与获得感研究》，《社会建设》2019 年第 1 期。

② 王永梅、吕学静：《老年人的养老保障获得感及其影响因素研究——基于北京市六城区的抽样调查》，《中共福建省委党校学报》2018 年第 10 期。

③ 李睿、邓皓：《工科高校大学生思政课获得感：影响因素与提升路径》，《大众文艺》2020 年第 1 期。

④ 杨国桢：《论海洋人文社会科学的概念磨合》，《厦门大学学报》（哲学社会科学版）2000 年第 1 期。

⑤ 崔凤、宋宁而、陈涛、唐国建：《海洋社会学的建构——基本概念与体系框架》，社会科学文献出版社，2014，第 15 页。

⑥ 张开城等：《海洋社会学概论》，海洋出版社，2010，第 11 页。

社会问题，而海岛老年渔民的获得感问题正可以放入这个背景中去理解。

本文从海洋社会学的视角出发，在以下几个方面表现出与既有的获得感研究的显著不同或创新之处。首先，在研究对象方面，本文将获得感研究的对象从城市居民、农民工、大学生等拓展到老年渔民群体，进一步扩大了获得感研究的范围。老年渔民可以说是“弱势群体中的弱势群体”，是获得感研究应该关注的对象。其次，在研究内容上，已有的研究更多关注的是获得感的客观方面，如到底采用何种维度来测量人们的实际获得，而本文关注的重点在于获得感的主观方面，即人们对于客观获得的感受与评价。我们发现，海岛老年渔民的获得感的主观体验与海洋社会变迁有着密切的关系。最后，在研究方法上，已有的研究大多采用定量的方法，而本文主要采用定性的方法进行研究。定量的方法往往只能利用数据对不同人群的获得感强弱进行表面的比较，而个人生活史访谈等定性方法能够挖掘获得感背后具有深度的内容。

我们调研组于 2018 年 5 月、7 月和 2019 年 2 月三次来到浙江省舟山市的 S 岛和 G 岛，主要利用个人生活史访谈法并配合问卷调查和参与观察，对两个海岛上的 120 位 65 周岁以上的老年渔民的养老状况进行了调查研究。120 位老年渔民的样本是随机得到的，在街头、码头、社区和渔民家庭中我们对他们进行了问卷调查和深度访谈。除此之外，我们还与当地政府官员和相关部门工作人员进行了座谈，并走访了渔村社区，查阅了有关的资料。

被誉为“千岛之城”的舟山群岛是一个典型的靠海而生的地区，它历史悠久，海洋文化源远流长。在长期的发展过程中，海洋渔业是其重要的经济组成部分。S 岛和 G 岛位于舟山群岛的北部，拥有得天独厚的海洋渔业资源条件，长期以来以捕捞、养殖和渔业贸易而闻名。S 岛于清光绪时就已形成渔港集镇，是一个渔港重镇；而 G 岛除了捕捞之外，还大面积养殖贻贝，因此又被称为“贻贝之乡”。S 岛面积约 4.22 平方公里，2017 年底，全岛总户数 3195 户，总户籍人口 8496 人，常住人口 7535 人，户籍人口中 65 周岁以上老年人口有 1807 人。[①] G 岛面积约 5 平方公里，2017 年底，全岛总户数 3191 户，总户籍人口 8159 人，常住人口 8575 人，65 周岁以上老

① 以上数据由 S 岛政府统计办和公安边防部门提供。

年人口有 1964 人。[①] 两个海岛隔海相望，相距约 800 米，现在由公路大桥连接。

我们所调查的 120 位海岛老年渔民的基本情况，可以从问卷的统计结果中初步反映出来。120 位老年渔民年龄普遍比较大，65 周岁以上的老年渔民有 89 位，占总数的 74.17%；其中 76 周岁以上的老人有 43 位，占总数的 35.83%。在捕捞年限方面，他们都从事了长年的捕捞工作。捕捞年限在 41 年及以上的老年渔民有 70 人，占比高达 58.33%；31～40 年的有 22 人，占比 18.33%。被访老年渔民受教育程度则普遍比较低，文盲半文盲有 41 人，占比 34.17%；小学学历的有 63 人，占比 52.5%；初中学历的只有 14 人，占比 11.67%；高中及以上受教育程度的有 2 人，占比 1.67%；大专及以上没有人。

## 三　获得感的客观方面：社会支持不足

获得感是一个综合的概念，唐钧在他的研究中指出："获得感不能止步于物质上的满足感，还应包括人们情感归宿的需要以及自尊和自我实现的需要。"[②] 在两个海岛上，我们首先发现的是，尽管政府不断推出改善老年渔民生活的政策措施，缩小了他们的经济收入与目标期望之间的差距，但他们在社会和心理支持方面的"获得"还是明显不足的。

改革开放之后我国城市化的进程对海岛的影响显著，舟山自 20 世纪 90 年代起执行"小岛迁、大岛建"的政策，年轻人往城市大量迁移，海岛人口多年呈现负增长。S 岛的陈镇长向我们介绍了这方面的情况：

> 现在城市化了，年轻人都往大地方迁移，也给老年人养老带来很多问题。B 岛原来是有几千人的乡，现在成了只有几百人的社区村。里面主要是老头子、老太婆，40～50 岁的中年妇女，她们都被叫作"小姑娘"。好多岛都是这种情况。老一辈风浪里来去，辛辛苦苦把小孩培养为城市人，但是现在由于孩子在城市高昂的生活成本，许多老人仍

---

① 以上数据由 G 岛政府统计办提供。

② 唐钧：《在参与与共享中让人民有更多获得感》，《人民论坛·学术前沿》2017 年第 2 期。

然是在“变相输血”，孩子的回报不一定能指望上。这些老年人有些会被子女接到大地方，帮子女带带孩子。有些也不愿意去大城市，情愿留在岛上。他们习惯也喜欢住在这里。①

的确，在调研过程中我们与老人们谈到孩子时，发现他们的孩子大部分都不在S岛或G岛工作和生活，近一点的就在县里或舟山市里，远一些的在宁波、杭州、上海等。问卷调查了老年渔民的居住情况，发现“与儿女一起居住”和“与爱人儿女一起居住”的老人共有25位，占20.84%。“与爱人一起居住”的为62位，占51.67%，“个人独居”的为23位，占19.17%。“与爱人一起居住”和“个人独居”情况总计为85位，占比70.84%，因此绝大多数老年渔民都没有与子女孙辈住在一起（见表2）。

**表2 老年渔民的居住状况**

单位：个，%

| 居住状况 | 样本数 | 比例 |
|---|---|---|
| 个人独居 | 23 | 19.17 |
| 与爱人一起居住 | 62 | 51.67 |
| 与儿女一起居住 | 11 | 9.17 |
| 与爱人儿女一起居住 | 14 | 11.67 |
| 与父母一起居住 | 10 | 0.83 |
| 其他 | 0 | 0 |

按照通行的国际标准，当一个国家或地区60周岁以上老年人口占人口总数的10%，或65周岁以上老年人口占人口总数的7%，即意味着这个国家或地区进入了老龄化社会。而我们根据S岛2017年底的数字来计算，65周岁以上老年人有1807人，已经占到总户籍人口（8496人）的21.27%；而G岛2017年底65周岁以上老年人有1964人，已经占到总户籍人口（8159人）的24.07%。可见两个岛的老龄化的程度已经相当高。我们走在大街上看到老人多，年轻人和孩子少，而在为数不多的年轻人和孩子中，还有不少是外来的游客。很多65周岁以上的老年渔民不太适应城市里封闭、

① 课题调研组2018年7月25日访谈记录。

快节奏的生活，还是喜欢岛上熟悉的环境和相对开放的空间。值得关注的是，现在 40 ~ 50 岁的中年人比老年人更适应外面的生活环境，他们大多表示未来养老并不会选择留在岛上。所以又有人形容现在这批老年渔民是海岛上“不会再更新的老年人”。

缺少了年轻人和孩子，留守在海岛上的老年渔民的养老生活比较单一和枯燥，孤独寂寞感顿增。不仅如此，没有年轻人的支持，老年渔民们面临困境时更容易失去信心，陷入失落和绝望情绪的沼泽。同时，如同当地人所说的，“整个 S 镇的人都认识”。街坊邻里、具有相似经历的老年渔民们经常在一起诉说、谈论不幸经历，这又在无形中放大了他们的不满和怨气等负面情绪，使他们无法从不同的角度看问题以及积极寻求解决问题的办法。面对这种情况，当地政府部门和社会工作机构还没有能够提供充足的、针对远离子女孙辈的老年渔民的社会支持和服务项目。

另外，当我们通过问卷调查“养老生活中较大的烦恼与困难”时，许多老年渔民除了经济保障不够、身体不好之外，还强烈反映了“感觉没有被社会公正对待”，这其实说明了老年渔民群体面临着较大的心理困境。我们通过访谈了解到，老年渔民的心理困境是多方位的：既有“不会再更新的老年人”一词所表现出来的边缘感和被遗忘感，也有“青春已逝”“过去辉煌不再”的失落感和被抛弃感，还有与社会其他群体相比较而产生的不平衡感和委屈，以及觉得没有被国家和社会公正对待而产生的背叛感和相对剥夺感。而这些心理困境目前还没有引起重视和获得足够的心理支持。

## 四　获得感的主观体验：三种比较

除了获得感的客观方面，我们还需要关注其主观方面，后者直接影响着人们对前者的体验和评价。王思斌指出：“获得感不但与当事人获得的物质利益、精神赞悦和社会关系支持的客观数量有关，还与当事人对这些受惠物的感觉和评价有关，而后者常常与比较相联系。”[①] 在我们的调研过程特别是深度访谈中，我们发现老年渔民在其个人生活历史中，的确进行着各种各样的“比较”，可能正是这些比较影响了他们对于获得的感觉和评

① 王思斌：《发展社会工作增强获得感》，《中国社会工作》2017 年第 13 期。

价。我们归纳出了最为常见的三种比较。

### （一）与自己的过去相比较

海岛老年渔民群体现在看起来是一个已被现代化进程边缘化并逐渐被遗忘的群体，但是他们也曾拥有奋斗的、不平凡的和辉煌的过去。当我们与他们一起回忆过去的时候，他们不时会露出兴奋、喜悦甚至骄傲的表情，不厌其烦地向我们一遍遍描述以前的情景。他们首先谈到的是本地过去不同季节的鱼汛和渔民们世代相传的捕捞经验。

> 老渔民说S岛这里位于东海渔场的中心位置，传统上渔业资源非常丰富，祖祖辈辈传下来一套渔业的知识（跟农民种地一样），什么季节鱼在什么地方，捕鱼路线是什么，等等。春天（清明）捕小黄鱼，夏天（4月半至6月）捕墨鱼，从立夏开始夏秋捕大黄鱼，9月开始到冬季捕带鱼。冬季的时候是“小雪小捕、大雪大捕、冬至旺捕”。每一种鱼都是捕2个多月。捕鱼也分大年小年，一般鱼是一年多一年少。带鱼是从北向南游，墨鱼是从南向北游。小黄鱼、大黄鱼是到北面产卵。[①]

大集体时代渔业资源非常丰富的情景让许多老渔民至今记忆犹新。他们回忆道，年轻时捕鱼常常一网捕上来就是400担、500担鱼，一担鱼100斤，一网就是四五万斤。运气好的时候一网上来1000多担甚至几千担也是可能的。因此“一网上来大黄鱼10万斤”的说法并非虚言！当时岛上的码头上都堆满了鱼。1976年，当地许多渔民在海上看到宁波渔轮围网作业捕大黄鱼的场景，那让他们一生难忘。他们向我们描述，当时鱼多到网都围不拢，围网里面都是鱼，上面的大黄鱼都浮了起来。后来听说这次宁波渔轮围网作业的收获足足有4万多担！老渔民们说那时的鱼捕上来都卖给国家，价格非常便宜，大、小黄鱼0.14元、0.15元一斤，墨鱼几分钱一斤。

许多老渔民还不约而同地向我们讲述了20世纪60年代的“十万渔民下S岛”的故事，那是S岛历史上的辉煌一页。那时每年到了冬季带鱼鱼汛的时候，上海、辽宁、福建、宁波、杭州、温州等地的渔民都会到这里来捕

① 课题调研组2018年5月20日和2018年7月27日访谈记录。

带鱼。冬汛整整一个月，街道上都是人挤人的，有风的时候船都回港避风，船在港口排着队，人都可以从船上走过去。老渔民们告诉我们，现在街上的国威宾馆原来是上海指挥部所在地，泗洲塘社区的楼原来是宁波指挥部，还有邮政银行对面的楼原来是福建指挥部，这些都是年年冬汛时来 S 岛捕鱼的各地省市政府所建的大楼。县级以下政府没有建自己的楼，人来了都是安排住在渔民的家里的。冬汛的时候街上夜景很漂亮，镇委还会在露天广场上放电影，许多渔民从较远的渔村走路过来看电影，参与到热闹欢乐的气氛中去。

渔民们的青春在当时繁荣的渔业岁月中尽情绽放。1977 年，当时 27 岁的葛伯伯被培养为当时“S 岛最年轻的老大”，这对他来说是非常光荣的一件事情。和我们谈到这件事时，他脸上露出了自豪的表情。我们所接触到的看似平凡的老渔民，其中有不少是当年远近闻名的船老大、“劳动模范”和“先进分子”，他们曾为国家的渔业建设做出了突出的贡献。吴伯伯与我们分享了大集体时代的一些情况：

> 当时的政策是“捕得越多越好，越多越光荣”，“白天下网、晚上下网”，如果捕得多，镇里、县里甚至省里都要表扬你，评为“劳动模范”。当时抓鱼的口号是“早出晚归勤下网”，多捕鱼就是思想好，越多越好。有些表现好的，一年能捕一万多担的船老大就是最好的老大，被评为“万担老大”！①

也有一些渔民怀念改革开放之后的时代。他们说那个时候是真正凭本事吃饭的，一身实力有用武之地。只要有本事，人人都能当船老大。他们那个时候也还年轻，可以捕鱼挣钱，帮助家人过上好的生活，所以那段日子是最开心的。

捕鱼虽然光荣和有成就感，但同时是一项异常辛苦和危险的工作。俗话说，“世上三样苦：打铁、捕鱼、磨豆腐”，捕鱼的劳动强度和危险性是人所共知的。而与现在相比，老渔民们年轻的时候船上设备更加落后、条件更加艰苦，风险极大。

---

① 课题调研组 2018 年 7 月 27 日访谈记录。

（20 世纪）60～70 年代时候捕鱼都是 60 马力的船在外面（注：更远的海域），里面是我们渔民的摇摇船。40 马力船上坐 4 个人，用小灶烧饭吃。风浪大不能烧饭的时候就吃冷饭，喝水也很少。船上一点点淡水用来烧饭。风大的时候也不能睡觉，十天的风就十天不能睡觉。以前没有天气预报，什么时候来风不知道。所以比较危险。谚语说渔村是“十个棺材九个空”，渔民捕鱼都是“一个脚在棺材内，一个脚在外”。1957 年的时候，吕四渔场曾经因为大风发生重大事故，死人多。“吕四洋”那里沙多，船容易搁浅，风来了就直接翻船了。①

那时候有因为晚上有风回不来的，经常会遇到危险情况，运气好旁边有船就能得到帮助，但是很少旁边有船，所以这里有很多空墓。因为船只非常重要，船员都对自己的船只了如指掌，哪里有什么问题全部清清楚楚。②

日月交替、时过境迁，随着海洋渔业资源的急剧衰退，几十年前“一网上来十万斤”的野生大黄鱼如今可谓一鱼难求，市价每斤要卖到上千元。而曾经战斗和奉献在渔业一线的年轻小伙子们，如今已经垂垂老矣。忆往昔峥嵘岁月，他们的心中五味杂陈。过去的辉煌更加凸显了现在的黯淡和落寞，而过去冒着生命危险付出的他们现在却感觉没有得到应有的回报。他们年轻时辛苦付出，到老了却没有得到足够的保障，所以他们才会感到被背叛、愤怒、不满。

### （二）与年轻的渔民相比较

由于时代的进步和制度的变迁，不同年龄渔民的境遇其实存在很大的差别。首先最为明显的差别体现在养老保险上面。前面谈到，当地的社保政策是，2012 年 4 月 1 日前未满 60 周岁的渔民可以参加“大社保”。这个政策解决了年纪更轻的渔民们的养老保险问题，等他们退休后每月可以安享几千元的养老金，但是大部分老年渔民则因为超龄而被拒之门外了。前

---

① 课题调研组 2018 年 7 月 27 日访谈记录。

② 课题调研组 2018 年 7 月 26 日访谈记录（S 岛解放村）。

面我们谈到的 27 岁时被培养为“S 岛最年轻的老大”的葛伯伯，后来也担任过 S 村搬迁之前的最后一任村党支部书记，但是他在参加养老保险时，“运气就差那么一点点”。

> 葛伯伯晚了一年，他是 1951 年出生的，2012 年葛伯伯已经 61 岁了。（他说之前还有一次是 55 岁的人可以办的时候，他已经 57 岁了，都是超龄。）后来葛伯伯对以前培养他做船老大的领导诉苦：“以前我做老大你培养，但是现在没有劳保。”现在每个月他就领政府的渔龄补贴，计算渔龄为 28 年，每个月领 280 元。①

葛伯伯无奈地表示，以前年轻的时候想参加保险而不能参加，没有这个政策；而现在有这个政策了却又超过年龄了而不能参加，真的就是“人生的戏弄”！葛伯伯在他的渔民朋友里算是“小弟弟”，有许多 70 多岁、80 多岁的老年渔民离这个年龄线更远。

其实不仅是养老保险，在其他很多方面，老年渔民与年轻渔民的情况也是差别甚大。老渔民说以前的船老大和船员是平股（都是 1 股），而现在的船老大是 2 股或者 3 股（2/1/1/1/1，3/1/1/1）。所以他们以前当船老大时与其他渔民的待遇是较为平等的，大集体时也没有挣到什么钱，而现在船老大与普通渔民之间的贫富差距则很大。年纪较轻的吴老大确认了这一点：

> 吴老大 22 岁当老大，是大集体培养的。大包干之后都分开，自己做船老大。他认为当船老大需要：1. 技术；2. 有经济基础（自己造船）。这两个条件越好发展就越快。现在 40 多岁的人，当船老大还是很赚钱的，干得好一年能有三四十万（元）。论辉煌现在当船老大的还是很辉煌的。船老大可以雇人，赚的钱还是船老大的。让外地人干杂活打下手（捡鱼、烧饭等），不让他们做掌舵等主要的事。②

---

① 课题调研组 2018 年 7 月 27 日访谈记录。
② 课题调研组 2018 年 7 月 26 日访谈记录（S 岛解放村）。

除了股份收入，现在的船老大手里还有非常值钱的“马力指标”。老渔民说以前自己当船老大的时候马力指标是不买卖的，这艘船不用的马力指标就还给大队，而大队就免费给后面的船了。但是现在马力指标是可以买卖的。由于国家控制增船的政策，马力指标越来越少也越来越值钱。船的证书上只有船老大一个人的名字，马力指标就是船老大的。如果船老大不干了，将马力指标卖掉可以得一大笔钱。

另外，国家从2006年开始实施的柴油补贴政策实质上又给船老大和股东们带来了一笔不菲的新收入。柴油补贴现在按照马力指标发，拿到了钱以后股东们再按照股份来分。大家都说油补时代的船老大是挣到钱了，但是那个时候这些老年渔民们早就退休了。

制度和政策的变迁在两代渔民身上留下轨迹，与年青一代的渔民们相比较，老年渔民们的内心是苦涩的。在访谈过程中一位老年渔民这样表述：“老一辈给国家做贡献，国家给年青一代享福。重点自己心态要好。”言谈之间，他流露出深深的无奈、委屈和不平衡感。

### （三）与其他职业人群相比较

除了与自己的过去和年青一代的渔民相比，老渔民们还会将自己与其他职业人群相比较。这些比较具有一定的主观性，其结果是进一步强化了他们的弱势感和抱怨。

有的老渔民将自己与政府管理人员相比，认为按说那些管理人员都是为一线人员服务的，而现在他们退休了都能拿四五千元的养老金，而自己只有几百元的生活补贴。有的老渔民认为农民的生活要比他们好，农民有土地，土地被征收了可以被纳入社保，但渔民只有海。令他们特别感到愤愤不平的是，本地是靠他们捕鱼发展起来的，而那些来本地开小店、做小生意的外地人（他们用带有一些贬低的口吻形容的“剃头的”“卖烧饼的”“修鞋的”等）都可以购买社保享受养老金，而他们不可以。有的渔民则抱怨自己每月几百元的生活补贴比低保人群拿的“低保”还低，等等。

需要说明的是，如今的社保政策在城乡之间、不同职业群体之间以及本地人与外地人之间的区分越来越小，这是我国社保政策日益进步和完善的体现。老渔民不能购买社保还是因为年龄超了而非因为职业或者地域，他们在这里对于政策的“误读”和对其他群体的一定程度的认知偏颇[1]则强化了他们原本具有的边缘感和弱势感。

## 五 结论：海洋社会变迁与老年渔民的获得感

美国社会学家 C. 赖特·米尔斯（C. Wright Mills）曾提出“社会学的想象力”（sociological imagination）的概念，将“个人的生活命运”与“历史中的社会结构”联系起来。个人是时代的缩影。[2] 在本文中，透过海洋社会学的视角，我们发现海岛老年渔民获得感的主观体验和评价（三种比较）并不纯粹是个人的，也并不只是共时性的，它与海洋社会变迁有着密切的关系。

20 世纪中叶以来，人类加大了海洋开发的力度，带来了海洋经济的快速发展和海洋布局结构的调整，以海洋资源开采及加工的现代工业和滨海旅游服务业为核心的现代经济体系逐渐取代以传统晒盐、捕鱼和海上运输等为主要内容的传统海洋经济体系。海洋开发也导致了剧烈的海洋环境与社会变迁，包括人口与代际变迁、环境退化与生产生活方式变迁、海洋社会组织与海洋社区变迁等内容。海洋开发与社会发展之间存在着一定程度的不协调、不平衡的问题。[3] 在对渔民的访谈中，我们听到了东海渔业资源曾经的丰富和后来的衰竭，而曾经身处光环之中的渔民也渐渐被边缘化。我们也听到了不同时期的渔业制度和管理方法的变革及其给老年渔民带来的心理落差等。海洋社会学的视角帮助我们发现了老年渔民获得感不足背后丰富和深刻的社会历史原因。

党的十九大报告指出：“中国特色社会主义进入新时代，我国社会主要矛盾已经转化为人民日益增长的美好生活需要和不平衡不充分的发展之间的矛盾。”海洋社会变迁中出现的老年渔民获得感不足的问题也是“不平衡不充分的发展”的某种体现。有学者指出：“就获得感形塑的主观基础——

---

① 比如老渔民讲到的农民的情况只是属于一些被征地农民社保的情况，而大部分超龄的老农民也是一样处于没有养老保险的状态，而且连渔民的渔龄补贴也享受不到。

② C. 赖特·米尔斯：《社会学的想像力》，陈强、张永强译，生活·读书·新知三联书店，2001，第 4 页。

③ 崔凤、唐国建：《海洋与社会协调发展战略》，海洋出版社，2014。

相对获得来看，获得感本质上强调人民群众共享改革成果，是‘共享发展’理念的具体体现。它的实现需要协调好各方利益，做到各方面的协调统一，以使人们对‘绝对获得’的自我处境定位于公平正义框架。”[①] 而“发展不均衡、改革分配不公以及弱势群体被边缘化等导致的相对剥夺均会降低甚至消解人们的获得感”[②]。当我们今天拥抱“海洋世纪”、享受海洋开发给全社会带来的利益和便利时，不应忘记这些曾经为国家渔业建设和经济发展做出贡献的老渔民。应该多关心他们的晚年生活状况，并力所能及地为他们做一些事情。

从政策的层面来说，为了提高海岛老年渔民的获得感，立法机构和政府相关部门应该积极推动渔民养老保障相关政策尽早出台，特别是老年渔民最为关心的高龄老人参加职工养老保险和提高渔龄补贴的问题，在经济上尽量缩小现实情况与老年渔民期望之间的差距。同时政府应该重视通过政府购买等方式推动老年服务项目的发展，为老年渔民提供更为充分的社会和心理支持，使其获得感更为全面、充足。

在实务层面上，应该大力发展面向老年渔民的个案、小组和社区工作服务，深入了解他们的历史与生活，肯定他们做出的贡献并给予认同，帮助他们形成积极的心态和增强获得感。这应属于有些学者提出的“海洋社会工作”[③] 的范畴。在调研期间我们调研组成员也尝试开展了“缅怀往事小组”，通过有目的、有引导的治疗性质的缅怀往事，帮助老年人重新面对和整理自己的人生经历，这给他们的情绪、自我形象和认知带来了许多正面的影响。活动中的一个小细节给我们留下了深刻的印象：渔民王伯伯在第一次座谈时，声音最响、最愤怒。后来当听到我们对他们老渔民的付出表示肯定，说现在很多人其实并不了解老一辈人的历史和贡献时，他竟大大转变了态度并谦逊地表示，有的人总是抱怨与指责也是不对的、片面的。事情虽小，却可见积极的社会关系和精神赞许非常有助于增强老年渔民的

---

① 张品：《“获得感”的理论内涵及当代价值》，《河南理工大学学报》（社会科学版）2016 年第 4 期。

② 曹现强、李烁：《获得感的时代内涵与国外经验借鉴》，《人民论坛 · 学术前沿》2017 年第 1 期。

③ 邓琼飞：《海洋社会工作——社会工作研究的一种新视野》，《社会与公益》2019 年第 8 期。

获得感。[1]

回到文章开头提出的问题，我们已经发现，获得感是一个综合的概念：不仅是生理上，而且是社会和心理上的获得和满足；不仅是共时性，而且包括历时性的比较与评价。通过海洋社会学的视角进行研究，本文指出了几十年来剧烈的海洋社会变迁与海岛老年渔民获得感不足之间的密切关联。为了缓解海洋开发与社会发展之间一定程度上不协调、不平衡的关系，为了维护海洋社会和谐稳定和实现公平公正，我们还有很长的路要走。

① 张雯、文雅：《舟山群岛老年渔民的养老困境与对策建议——社会工作的视角》，《中国海洋社会学研究》2019 年卷总第 7 期。

中国海洋社会学研究
2021年卷 总第9期
第75~93页


# 影响舟山海岛乡村人才振兴的因素研究

## ——基于扎根理论的视角

陈莉莉 孙 静 郑芊芊 杨涵婷 许星磊 刘星雨*

**摘 要**：本文通过实地调查和深度访谈，运用扎根理论的研究方法来探究影响舟山海岛乡村人才振兴的因素，最终发现了四个影响因素，它们的作用程度各不相同。其中，政府重视是舟山海岛乡村人才振兴的核心因素，本土人才开发是舟山海岛乡村人才振兴的关键因素，外部人才引进是舟山海岛乡村人才振兴的重要因素，完善的人才振兴机制是舟山海岛乡村人才振兴的根本因素。通过四个影响因素对海岛留人难、聚才难、岛民缺乏本领和海创精神不足的现状进行评估，本文提出了健全人才服务机制、打造海岛乡村人才"磁场"、提升当地岛民技能水平、培养海创精神的对策建议，从而为舟山海岛乡村人才振兴战略的落实提供思路及借鉴。

**关键词**：海岛乡村 人才振兴 扎根理论

## 一 问题的提出

"乡村振兴，关键在人。"《乡村振兴战略规划（2018—2022年）》将我

* 通讯作者：陈莉莉，浙江海洋大学经济与管理学院副教授，主要研究方向为海岛社会治理。孙静，浙江海洋大学经济与管理学院行政管理专业2019级本科生；郑芊芊，浙江海洋大学经济与管理学院行政管理专业2019级本科生；杨涵婷，浙江海洋大学经济与管理学院行政管理专业2019级本科生；许星磊，浙江海洋大学水产学院渔业发展专业2019级硕士研究生；刘星雨，浙江海洋大学水产学院渔业资源专业2019级硕士研究生。

国乡村人才简要划分为新型职业农民、农村专业人才、农业科技人才和外来社会人才，并在第三十二章主要从三个方面阐述了如何强化乡村振兴人才支撑，即培育新型职业农民、加强农村专业人才队伍建设和鼓励社会人才投身乡村建设。2021 年 2 月 23 日，中共中央办公厅、国务院办公厅印发了《关于加快推进乡村人才振兴的意见》，再次明确了乡村人才振兴的目标任务：到 2025 年，乡村人才振兴制度框架和政策体系基本形成，乡村振兴各领域人才规模不断壮大、素质稳步提升、结构持续优化，各类人才支持服务乡村格局基本形成，乡村人才初步满足实施乡村振兴战略基本需要。这都体现了党和国家对乡村人才振兴的高度重视。

随着我国经济社会的迅速发展以及党和国家对农村建设的不断重视，我国的乡村发展取得了很大的成效。同时，随着乡村发展需要与人才缺乏现状之间的矛盾逐渐尖锐，各级政府也在不断地将更多的精力投入农村人才队伍建设上，虽然取得了一定成绩，但远远不能满足乡村建设的人才需要，人才缺口依旧很大。与乡村振兴的人才需要相比，现阶段的人才队伍在总量、质量、专业性、广度、深度以及作用发挥上都远远不能满足需要。

检索中国知网以乡村人才振兴为关键词的文献资料，结果显示，党的十九大以来，我国学术界关于乡村人才振兴方面的研究成果颇丰，数量和质量都得到了巨大的提升。

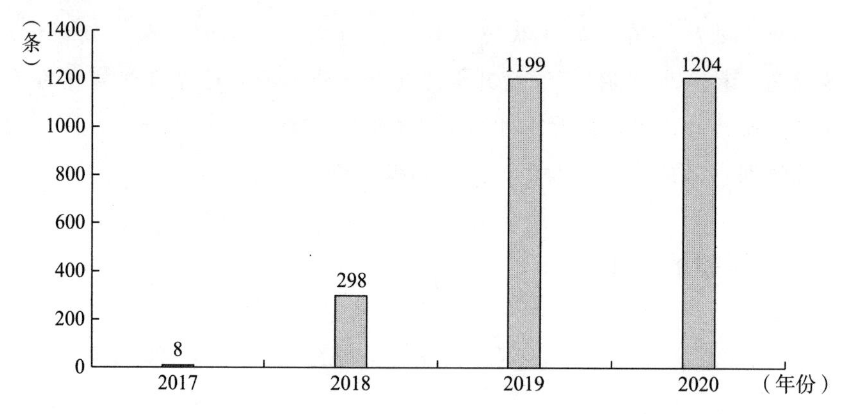


**图 1　2017～2020 年中国知网乡村人才振兴中文文献统计量**

在学术界对乡村人才振兴的众多研究中，乡村人才的界定、乡村人才现状与问题以及如何实现乡村人才振兴等内容是研究的重点。

（一）关于乡村人才的界定。以刘玉娟和丁威[①]为代表的学者强调乡村基层干部、乡贤和致富能手是乡村的领头雁，是最常见的乡村振兴人才，发挥着巨大作用；郑军[②]则根据职能将人才类型划分为管理、经营、科技、教育卫生、社会服务、综合执法等。在众多研究中，崔坤[③]创新性地用农业农村人才来代替乡村人才这一概念，提出凡是植根于农村并且从事农业生产和为农民服务的“一懂两爱”的人都属于农业农村人才，主要包括农村乡镇管理队伍、农业技术推广人员、村级干部管理队伍、农村实用人才队伍、新农人队伍、新型职业农民、农村新乡贤等。

（二）乡村人才现状与问题。学界对乡村人才方面的问题的研究集中在乡村本土人才外流多，外来人才内流少，导致乡村人才匮乏；乡村人才供需结构失衡；乡村干部缺乏创新性等。学界对于以上现象出现的原因所做的阐释主要有两个方面：工业化和城镇化背景下城乡差距过大导致乡村人才出走；城乡二元结构下户籍、土地以及社保制度不同，阻碍外来人才下乡。

（三）乡村人才振兴的路径。如何实现乡村人才振兴一直是学界关注的重点。以张雅光[④]、蒲实和孙文营[⑤]、张翠玲和李健[⑥]为代表的学者分别从乡村基层党组织、农民和青年学生与退伍军人这三类乡村本土人才入手，强调乡村振兴中本土人才是内生动力，需要发挥他们的作用。方守红和张浦建则侧重于引进外来人才，尤其是从乡村走出去的人才，提出要以乡愁乡情为纽带，用情感呼唤已经在城市立足的本乡籍企业家、专家学者、党政干部等成功人士回乡，组成乡村振兴顾问团或乡贤团队。[⑦] 完善人才激励

---

① 刘玉娟、丁威：《乡村振兴战略中乡村人才作用发挥探析》，《大连干部学刊》2018 年第 8 期。

② 郑军：《探索乡村振兴人才培养新路径》，《中国农村教育》2018 年第 19 期。

③ 崔坤：《大力培养农业农村人才　助力北京乡村振兴战略》，《北京农业职业学院学报》2018 年第 4 期。

④ 张雅光：《新时代乡村人力资本现状及开发对策研究》，《中国职业技术教育》2018 年第 36 期。

⑤ 蒲实、孙文营：《实施乡村振兴战略背景下乡村人才建设政策研究》，《中国行政管理》2018 年第 11 期。

⑥ 张翠玲、李健：《乡村振兴战略实施背景下河北省新型农业经营主体的人才培养模式研究》，《乡村科技》2018 年第 36 期。

⑦ 方守红、张浦建：《浅议乡村振兴中的人才引进和培育》，《新农村》2018 年第 12 期。

和保障制度也是路径之一。在激励制度方面，胡永万[①]与闻海燕[②]都强调了政府的作用，前者提出将乡土人才纳入人才发展总体规划，设立乡村振兴人才发展专项基金；后者则强调政府应在金融贷款、经营场所、生活居所、子女入学等方面提供政策支持。

但是文献中关于乡村人才振兴影响因素的研究比较少。管贝贝和李凌汉通过扎根理论提炼出村领导重视人才开发、外部人才帮扶、示范村人才内生需求和示范村人才培养机制这四个影响因素。学术界采用不同的方法对农村人才开发的影响因素进行研究。通过统计分析的方法，在以农业科技人才为主体的研究中，相关学者认为农业科技推广人才开发效果受到政策、硬件设施以及开发方法的影响[③]，将主体拓展到农业实用人才；有的学者则认为教育培训与政策、经营组织能力、人力资本特征、资源禀赋和农业基础设施五个因素影响农业科技推广人才开发效果[④]。也有一部分学者，如李道和与张海涛，采用理论模型构建的方法，分析了态度、需求、诱因的影响。[⑤]

总的来说，现有研究主要针对农业科技人才，缺少乡村振兴人才整体性研究；更多的是基于人力资源管理角度，缺乏多视角的研究；模型构建偏向于心理学个体研究，缺乏社会实证研究的视角，而针对海岛乡村人才振兴的实证研究更少。因此，本研究选取浙江省舟山市普陀区展茅街道路下徐村为研究样本进行研究。在政府的大力支持下，该村重视人才工作，田园观光游、特色餐饮、休闲新经济等业态蓬勃发展，一、二、三产业融合发展的势头越来越好。该村作为美丽经济的“领航人”，在人才振兴方面走在前列，所以研究它对于舟山其他渔村的人才振兴具有借鉴意义。于是我们运用扎根理论，对影响舟山海岛乡村人才振兴的因素进行了研究。

---

① 胡永万：《为推进乡村振兴提供有力的人才支撑》，《农村工作通讯》2017 年第 24 期。

② 闻海燕：《需分类精准扶持乡村振兴人才》，《杭州》（周刊）2018 年第 12 期。

③ 武忠远：《影响农业科技推广人才开发效果因素的控制》，《农机化研究》2018 年第 4 期。

④ 李道和、张海涛：《农民参与农村实用人才培训行为动机及其影响因素分析》，《职教论坛》2011 年第 21 期。

⑤ 薛建良、朱守银、龚一飞：《培训与扶持并重的农村实用人才队伍建设研究》，《兰州学刊》2018 年第 5 期。

## 二　研究设计

### （一）研究思路

路下徐村位于舟山本岛东北部黄杨尖山脚，东与螺门港相望，南与上潘孙村交界，西同庙后村相连，北与松山村接壤；沈白公路穿村而过，离沈家门市区15公里、舟山市区20公里。该村地形面田背山，现有水田400亩、旱田220亩、山林2000余亩。全村面积为2.4平方公里，有村民450余户1170人，起初村民以农业为主，开辟荒地荒山，种植杨梅、香柚文旦、柑橘、翠冠梨头等果树和香樟、雷竹及其他绿化苗木。

2018年9月，该村投入2500万元对路下徐核心村进行景观提升，将海上田园的人流通过综合服务中心导入村庄，做深做透“田园－乡村”互动文章，该村自2020年3月15日率先开展全市乡村旅游起，到11月底，接待游客量达36.8万人次，比去年全年接待量增长15%，创造乡村产业产值4580万元，成为舟山旅游网红打卡地、周末休闲示范地、舟山农旅融合样板。

随着乡村旅游的发展，该村实现了一、二、三产业融合发展，逐渐走上了乡村振兴的道路。乡村振兴的背后，必然离不开人才发挥的作用。而我国人才工作才刚刚处于初始阶段，政策和体制建构尚未完善。在乡村人才工作建设的背景下，我们对该村的人才情况进行了调查研究，采用扎根理论的方法，运用编码软件对影响该村人才振兴的因素进行了分析，得出了影响该村人才振兴的因素；根据这些影响因素分析了该村在人才工作上做得比较好的方面以及比较欠缺的方面，提出了相应建议，希望为舟山市海岛乡村人才振兴贡献一份力量。研究思路如图2所示。

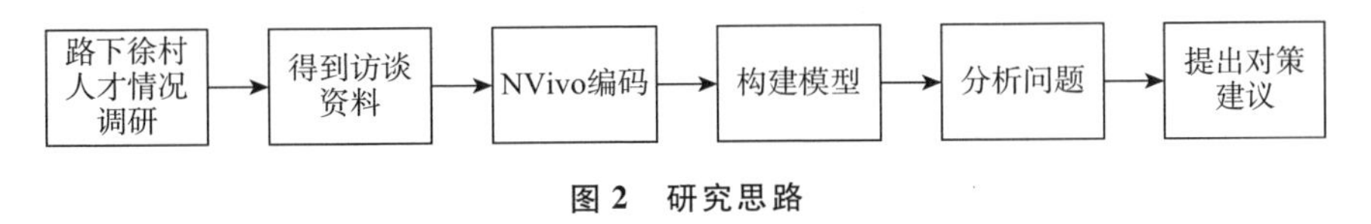


**图2　研究思路**

### （二）研究方法

扎根理论从芝加哥社会学派和以美国学者杜威和皮尔斯为代表的实用主义观点中汲取了经验，坚持问题要从现实现象中产生、研究需要收集详尽的一手资料和理论是服务于实际问题的解决的。扎根理论本质上是一种归纳法，是反对假设检验的，特点在于按照开放式编码、关联式编码、核心式编码和以理论建立的程序对特定现象及其内在联系进行揭示，提出实质理论而非形式理论。以扎根理论为指引，我们采用国际主流的质性分析软件——NVivo 进行编码分析。

我们首先通过查阅文献资料、实地调查、个人深度访谈等方法，广泛地搜集资料。然后运用 NVivo 编码软件对访谈结果进行归纳总结，整理出模型，并不断对理论进行检验，直至饱和，得出影响路下徐村人才振兴的因素。

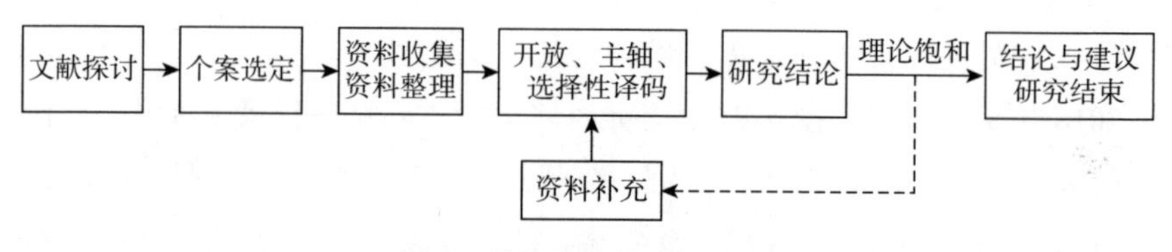


**图 3　扎根理论的一般流程**

## （三）研究样本设计思路及分布

扎根理论强调材料来源的深度和广度，要求访谈对象能够覆盖该村所有利益相关者。因此我们采用“目的性抽样”（purposeful sampling）方法，抽取符合研究目的并能为所研究的问题提供最大信息量的研究对象。我们首先对路下徐村的人才分门别类，分别是领导、本村村民、回乡人才、引进人才、邻村村民，其次选取代表人物进行访谈。

作为政策的落实者、田园综合体项目的执行者，村党支部书记、政府选派的干部、乡村振兴公司的经理显然对人才工作有着更全面的认识，因此，他们是我们重要的访谈对象。

第二类访谈对象是引进人才。该村引进了技术人员、创业者等人才，同时，乡村振兴公司也通过引进人才来规划、管理乡村业态。

考虑到田园综合体项目的建设给积极参与的村民带来了收益，我们为了解村民对于项目建设和人才情况的看法，决定对参与及不参与该项目的村民分别进行访谈。

随着 2019 年 10 月《浙江省人民政府办公厅关于实施“两进两回”行动的意见》的出台，“两回两进”被人熟知。“两回”指的是返乡青年和返乡乡贤，比如书坊和煨鸡馆的创办者，他们属于我们访谈中的“回乡人才”。

邻村村民是最后一类访谈对象，他们虽未亲身参与路下徐村的建设，但作为“离得最近”的旁观者，对路下徐村的发展有着相对客观的认识。

**表1 样本分布**

单位：人

| 编号 | 样本类型 | 具体分类 | 人数 |
| --- | --- | --- | --- |
| 1 | 本村村民 | 民间艺人 | 2 |
| | | 参与田园综合体项目的村民 | 6 |
| | | 不参与田园综合体项目的村民 | 6 |
| 2 | 回乡人才 | 返乡青年 | 2 |
| | | 返乡乡贤 | 1 |
| 3 | 领导 | 政府选派的干部 | 1 |
| | | 村党支部书记 | 1 |
| | | 乡村振兴公司经理 | 2 |
| 4 | 引进人才 | 技术人员 | 2 |
| | | 乡村振兴公司员工 | 2 |
| | | 创业者 | 2 |
| 5 | 邻村村民 | 周边村村民 | 3 |

## 三 研究过程

### （一）深度访谈

在指导老师的帮助下，我们先列好访谈提纲，然后小组成员根据提纲设计问题，最后由组长整合问题，分工进行采访。在访谈时，认真听取受访者的陈述并及时追问，录好访谈内容，访谈结束后，整理访谈资料，并填写接触摘要单，总结已采访到的内容和需要继续采访的内容，便于及时补充采访问题。

我们总共进行了30次面对面访谈，每次访谈大概持续30分钟。整理访谈资料后，得到了超过50000字的访谈报告，我们随机对其中的24份进行了编码，其余6份进行理论饱和度检验。最后，我们全面了解了该村的人才情况，并得出了影响舟山海岛乡村人才振兴的因素。

## （二）开放式编码

首先，我们先剔除原始访谈资料中的一些无效样本，比如模糊不清的回答、与本研究无关的话题等。其次，我们将访谈资料导入 NVivo11，开始逐字、逐句地编码。在概念化过程中，尽量使用原话。最后，进行初始概念的范畴化。在范畴化过程中，把出现次数少于两次或者前后矛盾的初始概念剔除，并对余下的初始概念进行整理①。表 2 是开放式编码的示例。

**表 2　开放式编码示例**

| 范畴（码） | 原始语句举例（初始概念） |
| --- | --- |
| 党员带头 | A03 村干部主要帮我们协调和村民的关系，因为本身没有商业，这里是原始的一个农村面貌，它比较安静，对于生活来说，商业进来了之后肯定会有点噪声、污染，垃圾肯定会变多，需要中间人进行协商。（村干部协调与村民的关系）<br>A12 因为我们是租用他们的土地进行相关建设，比如建了小火车、亲子乐园，这些都是路下徐村农民他们的用地。当时建设期间遇到了很多阻碍，是党员们带头与村民进行协调。（党员带头协调）<br>A09 不理解。村民不理解我们为什么要这样做。在工作推进中，不理解阻碍发展。最后是通过村主任等人协调和村民的关系解决的，然后他们确实能得到这个项目建设带来的收益。（村干部协调与村民的关系） |
| 优惠政策 | A11 他们（乡村振兴公司）做好土建、硬装。包括整个路下徐村道路、绿化、一些景观的打造，书店由我们负责运营，进行一个分成。我们给他营业额的 4% 作为房租，这样我们前期的压力就很小，因为我们不需要付房租，没有一个固定的房租，没有修缮房子的投入，修缮房子其实很贵的，因为本身房子是比较破的，另一个他会给我们做宣传。（政府帮忙修缮房屋、做宣传）<br>A07 主要是一个政策方面的优惠，也包括人流，因为我们不可能完全靠自己的宣传。另外就是政府的规划，如果这儿没有任何餐饮的配套，没有其他玩儿的东西，人来过也不会再来了。（政府规划整个业态）<br>A13 我们主要进行资金上的支持，比如说这种补助款。有意向做农家乐的人，把农家乐弄起来之后，你比如说他们，装修费是多少钱，我们给他们百分之五十的补助，另一方面，比如说我们把那个店面今天租下来，他十年之后赢利了，赢利了再返给我们多少钱。（资金支持）<br>A13 所有的房子都是政府专项资金出钱，租农民的房子，根据业态的规划和布置，去分门别类地装修。这样的行为引发了这样的产业。（政府专项资金支持） |

① Charmaz, K. "Grounded Theory: Methodology and Theory Construction." *International Encyclopedia of the Social and Behavioral Sciences* (*Second Edition*), 2015, pp. 402 - 407.

续表

| 范畴（码） | 原始语句举例（初始概念） |
| --- | --- |
| 服务人才 | A27 人才引进是政府主导的，然后合同乡村振兴公司去签。（签合同）<br>A27 我们扶持他们的能力也是有限的，公司也是要赢利的。只能是一种引导呀，或者服务管理。（引导、服务、管理商家） |
| 当地人参与度 | A06 农民在田园综合体中做清洁保洁、园林绿化、花草栽培、水电工作，还有开心农场的打理工作。（农民参与园区工作）<br>A20 酒坊的创始人是附近村的人。茶室有两个老板，其中一个是普陀山人，另一个是上潘孙村人。煨鸡坊的是茅洋人，都是舟山人。当地农家乐有 4 家到 5 家，还有民宿。因为这是刚开始的一个阶段。（当地人参与经营）<br>A20 我们的一些大型工程是当地的工程队来做的。（工程队参与建设） |
| 改变观念 | A07 村民不理解我们为什么要这样做。在工作推进中，不理解阻碍发展。（村民不理解） |
| 外来人才 | A15 我刚好之前开过书店，然后认识街道的负责人，他们就是有意想引进我。（街道有意引进）<br>A17 现在我们开这些店，这么多的优惠政策，政府是想花大力气把经典人才引进来。（政府大力引进经典人才）<br>A13 开心农场的监控是乡村振兴学院的技术员负责的，他负责机房、电子设备。（引进技术人员）<br>A16 那对于游客来说，他们的播种知识、耕种知识肯定是缺乏的，所以中高级园艺师可以手把手地指导他们。（引进中高级园艺师）<br>A17 有他们这三四户标杆在，那大家都可以赚。（引进榜样）<br>A14 我们希望引进专业的人，最好是有做过这块的经验的。（引进专业、有经验的人） |
| 培训方式 | A13 我们乡村振兴学院会对他们进行相应培训，我们都会第一时间考虑到他们。定期会有培训，像去年下半年带他们出去考察学习，费用都是公司出的。（培训、外出考察学习） |
| 乡村振兴公司发挥作用 | A19 我们扶持他们的能力是有限的，公司也是要赢利的。只能是一种引导呀，或者服务管理。（引导、服务、管理）<br>A21 我们全都是报盘合作的，因为我们也会每个月跟他们召开一次会议，他们有什么问题直接可以找公司，因为我们都是签过协议的。（帮忙解决问题） |

注：A ×× 表示第 ×× 位受访者回答的原话。每句话末尾括号里的词是编码原始语句后得到的初始概念。

## （三）主轴编码

主轴编码可以发现范畴之间的潜在联系，发现主范畴及其对应范畴。①

① 郭鹏飞、周英男：《基于扎根理论的中国城市绿色转型政策评价指标提取及建构研究》，《管理评论》2018 年第 8 期。

通过分析每个范畴背后的逻辑关系，我们将范畴进行归类，并提炼出主范畴。共归纳出 4 个主范畴。各个主范畴及其对应的范畴如表 3 所示。

**表 3　主轴编码**

| 主范畴 | 对应范畴 | 关系的内涵 |
| --- | --- | --- |
| 政府重视人才 | 党员带头 | 发挥党员带头作用，协调人才与村民的关系，是政府重视人才的表现 |
|  | 优惠政策 | 采用房租减免等优惠政策来引进人才 |
|  | 服务人才 | 成立乡村振兴公司管理、服务人才 |
| 本土人才开发 | 当地人参与度 | 当地人的参与程度会影响本土人才的开发情况 |
|  | 改变观念 | 农民观念的改变会影响本土人才的开发情况 |
| 外部人才引进 | 外来人才 | 高级园艺师、信息技术人员、商家等是引进的主要外部人才 |
| 人才振兴机制 | 培训方式 | 乡村振兴公司组织定期开会、外出参观学习等培训方式是人才培育机制的重要组成部分 |

## （四）选择性编码

选择性编码是指选择核心范畴，将核心范畴与其他范畴之间予以联系，并分析它和其他范畴的关系，最后形成新的理论构架。[①] 本研究确定了“海岛乡村人才振兴影响因素”这一核心范畴，围绕着核心范畴可以概括出政府重视人才、本土人才开发、外部人才引进、人才振兴机制 4 个主范畴，它们对舟山海岛乡村人才振兴存在不同程度的影响，如图 4 所示。

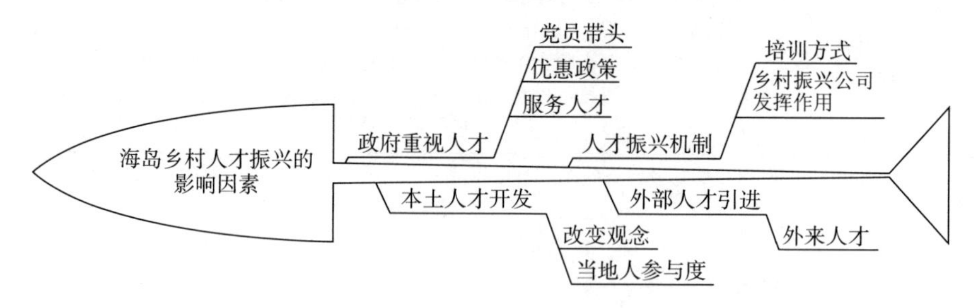


**图 4　海岛乡村人才振兴影响因素**

① 李英智：《长海县人才队伍建设问题研究》，辽宁师范大学硕士学位论文，2016。

### （五）理论饱和度检验

本研究对其余 6 份访谈记录进行理论饱和度检验，发现除了这 4 个主范畴和对应的子范畴外，没有产生新的概念和范畴。所以我们认为该模型通过了理论饱和度检验。

## 四 分析与建议

### （一）模型分析

**1. 政府重视是舟山海岛乡村人才振兴的核心因素**

2018 年，中共中央、国务院印发《乡村振兴战略规划（2018—2022 年）》，其中第三十二章指出，要强化乡村人才振兴支撑，实施更加积极、开放、有效的人才政策，推动乡村人才振兴。在此政策的号召下，路下徐村致力于人才发展，结合本地实际，进行美丽乡村建设。路下徐村的业态建设与政府的重视息息相关，政府重视具体体现为政策支持和乡村领导指引作用发挥。当地政府为寻找乡村旅游结合点，依托自身地处舟山海岛的天然自然资源、区位优势、经济基础，打造其特色旅游品牌。

政府提出繁荣发展乡村文化、健全现代乡村治理体系，为人才发展提供了良好的平台，创造了良好的发展环境。在路下徐村，相关部门拿出专项资金，对农民的闲置农房进行统一的统计和租赁，总共收储、盘活闲置农房 16 幢，同时根据业态的规划和布置需要，分门别类地对房屋进行修缮和装修，并且给予经营者房屋优惠。在业态前期的经营阶段，政府出台相关政策，减免经营者固定的房租，以营业额的 4% 分成来替代，通过此种方式对本土人才创业提供有力的支持。同时，政府利用已有的自媒体平台进行推广和宣传，吸引人才流入，带来多样的业态，吸引游客前来。

乡村领导的正确指引是发挥村级组织政治功能和服务功能的基本保障。充分发挥农村基层领导核心作用，是人才振兴的核心动力。在路下徐村人才振兴进程中，政府外派的人才曾遇到村民不理解的情况，阻滞了乡村振兴的进程，最后是路下徐村的村主任等人出面协调，缓和了村民激烈情绪，从而实现了乡村振兴工作的推进。同时，当地乡贤的发掘也依赖于路下徐村党支部书记的举荐。在街道领导的正确指引下，当地成立了乡村振兴公司，负责引导、服务人才。

由此可见，政府的重视是舟山海岛乡村人才振兴的核心因素。

**2. 本土人才开发是舟山海岛乡村人才振兴的关键因素**

要使农业更加发达、农村更加美丽、农民更加幸福就必须培养造就一支懂农业、爱农村、爱农民的高素质“三农”工作队。而本土人才正符合“三农”工作队的标准，只有充分发挥本土人才在实施与推进乡村振兴战略中的重要作用，积极构建人才吸引与培育新格局，破解乡村振兴中的人才瓶颈，乡村振兴战略才能取得可持续的发展动力和智力支持。从战略的高度和长远的角度综合海岛特有的区位要素条件来看，努力开发汇聚一批优秀本土人才，包括教育、科技、文化、卫生、医疗等各类精英人才，尤其是与海岛发展相关的专有人才献身海岛乡村发展，为乡村振兴献策献智，是海岛乡村振兴至关重要的一环。

经过调查我们了解到，路下徐村在乡村建设开始之前是一个原始村，几乎没有商圈等经济繁荣地带的存在，就业机会极度匮乏。在政府的扶持下，商业慢慢兴起。该村在人才振兴战略具体实施的过程中，尤其注重对本土人才的利用和开发。

乡村振兴公司的郑经理介绍说，打造业态时，优先考虑当地人，特别是有过类似经营经验的人，比如书坊的创始人以前也是开书店的、煨鸡馆的创办者之前也在定海开饭馆。在政府的支持下，在建设初期，一部分当地年轻人利用自己的房源来从事一些商业活动，比如经营小卖铺和农家乐等。在他们的带动下，如今各种业态纷纷兴起，比如元一书坊、无忧酒坊、禅农茶院、庐下叙煨鸡馆等。同时，政府将一些项目交由当地的工程队建设，也鼓励当地种植技术比较娴熟的农民，考取相应的资格证书，聘请他们成为开心农场的中高级园艺师，为前来认养、种植农作物的游客提供指导。

乡村振兴为本地人才提供了就业机会，本地人才为乡村振兴做出了重要贡献，他们不仅是乡村振兴的受益者，更是贡献者。该村村党支部书记提到，乡村没有青年的力量，就只会是死水一潭。没有人才，政策的实施就缺乏榜样的作用；没有标杆，就无法实现“老百姓有的赚、经营户有的赚、游客有的玩”的良性循环。由此可见，本土人才作用的发挥是海岛乡村人才振兴的内在关键因素。

**3. 外部人才引进是舟山海岛乡村人才振兴的重要因素**

路下徐村地处舟山本岛，交通与陆地相比较为不便，这加大了人才引进工作的难度。

除了政府之外，路下徐村成立了乡村振兴公司，它是政府、街道、村集体共同出资的街道下属国有企业，刚开始由政府选派干部负责，后由街道负责，主要作为一个引进人才、服务人才的平台，不仅承担着引导、服务路下徐村商家以及管理田园综合体项目的职责，还发挥着信息中介的作用。比如它成立了一个平台，为路下徐村本地的企业或经营户租赁农房、开办新业态提供相关信息。这种有效的土地流转机制可以使房屋的流转相对顺利，也可以使各方盈利最大化。该村还引进了信息技术人才，在乡村振兴学院专门设立负责监控机房和电子设备的部门，这些部门的人才与中国移动和中国电信合作，开发了一款 App，使得开心农场的认养人可以通过 App 监测作物从播种到收获的全过程。

因此，外部人才引进是舟山海岛乡村人才振兴的重要因素。

**4. 完善人才振兴体制机制是舟山海岛乡村人才振兴的根本因素**

乡村人才振兴的体制机制包括人才引进、培养、激励、使用机制，完善的人才振兴体制机制是乡村人才振兴的根本因素，也是留住人才的重要保障。由于路下徐村的人才工作刚刚处于起步阶段，在这方面尚未形成一套完整的体系，但已经具备相应的意识，采取了一定的措施来推动人才振兴体制机制的完善。

在采访中何先生说："公司的具体经营是在政府的规划、管理下进行的，公司是政府的平台，并不是完全独立的一个公司。所以通过政府主导人才引进，公司去协调、签订合同的方式，提高人才引进的工作效率。"据了解，该公司每月召开一次座谈会，了解经营者面临的困难，试图帮助他们。2019 年由公司出资，乡村振兴公司带当地的餐饮经营者外出考察，学习其他地方成功的经验。由此可见，乡村振兴公司主要起到服务、管理人才的作用，并在一定程度上起到培育人才的作用。当地政府也打算实施一些人才培养计划，来推进路下徐村的人才发展。例如正在试运行阶段的乡村振兴学院，就是一个主要和区团委合作的项目。其成立的目的是和政府机构合作，对当地的目标人群进行培训以及组织团建活动等。由于它正在试运营阶段，所以培训的档期、课程暂时没有具体安排。

以上种种体现了政府开始重视该村的人才工作，对该村的人才工作持有积极的态度，并与当地乡村振兴公司展开合作。相信该村之后的人才振兴体制机制会越来越完善。

## （二）舟山海岛乡村振兴人才现状评估

### 1. 海岛乡村聚才难

海岛乡村发展不平衡不充分，难以吸引人才。由于政府无法提供良好的薪资和待遇吸引人才，人才不愿意“集聚”在这儿。

路下徐村的乡村振兴公司，迫切渴求招收到高素质、高水平的复合型人才，但资金不足是主要问题。田园综合体项目负责人何先生提到“在农村缺的是懂经营、会管理、有技术的人才。旅游公司、街道出的人、乡村干部很多是并不懂旅游经营和营销的。很多地方通过资金养才，可是我们暂时并不具备这样的条件”。他在采访中还说：“以路下徐政府当前的经济能力，一年大概有四万到五万元的工资给到来这里工作的人，这些资金只可能成为一般人就业的门路，但却很难引进真正的人才。”他的话暴露了该村专业人才难引进最大的问题是政府还不够重视，在引进人才方面财政拨款较少，没有拿出足够的资金去吸引人才。

当然，除了政府外，乡村基础设施不完善、人才发展机会较少也是人才难引进的重要原因之一。如果该村想让人才长期留下、为乡村做贡献，就要为人才发展提供一个良好的平台。而目前路下徐村因为地理位置，发展模式较为落后，缺少人才交流和流动的平台，导致人才发展机会较少。

### 2. 海岛乡村留人难

在吸引人才来到海岛之后，如何留住人才又是一大问题。对于海岛来说，交通较为不便，目前舟山还没有通高铁，仅普陀区有一个飞机场，所以人们进出海岛大多需要通过乘船或者转乘大巴的方式，进出程序较为烦琐。同时，人才发展环境较为封闭、缺乏活力。据调查，虽然路下徐村实行了土地流转机制，但是村里1000多户人家，目前只有12户的闲置农房进行了盘活出租。总的来说，满足年轻人期待的工作岗位比较少，工作机会也比较少，发展平台较低。据了解，当地的许多年轻人都选择留在城区发展，这不仅是由于城市公共服务设施齐全，教育、医疗等资源丰富，更是因为城市工作机会多，发展空间大。从政府角度来看，当地政府前期主要把资金用在项目建设上，较少关注如何留住人才，所以没有拿出相应的具有吸引力的政策。从青年自身角度来说，刚毕业的青年由于找不到自身定位，且对于工作环境的要求比较高，所以他们很少会选择留在海岛乡村。

**3. 岛民缺乏本领**

田园综合体项目的建设为路下徐村带来了一、二、三产业融合发展的局面，但从总体来看，农民的参与度不高。只有10个农民在田园综合体项目中做清洁保洁、园林绿化、水电维护以及开心农场的打理工作。就村里的业态而言，该村虽实行了土地流转机制，但只有极少部分村民所有的1%的土地真正实现了流转。所以，总体来看，农民的参与度不高。

农民不理解田园综合体项目的意义。田园综合体项目负责人何先生说，该项目在运行之初，好多村民不理解、不配合，这阻碍了该项目的初期发展。他们不理解这个项目的意义，做出阻碍发展的行为，更谈不上参与发展了。少部分精干的农民率先参与打造农家乐，真正获得收益后，才体会到这个项目的意义。从村民自身方面来看，他们之所以刚开始不理解项目，是由于对国家政策以及相关知识并不了解，缺乏创新意识。由于当地农民缺乏创业创新、经营管理的能力，且缺少相应的培训，他们很难创办新的业态。农民更多的是参与田园的花草打理工作以及在自家门前卖一些农家食品，无法得到更高的收益。因此提升村民素养是从本质上更新村民固有思想的重要方式。

**4. 海创精神不足**

随着如今乡村旅游业态的发展和产品同质化趋势的出现，只有能够结合当地特色的产业，才能留住人们的“乡愁”，才能得到长远的发展。这要求创业者和经营者具有海纳百川、兼容并包的创新创业精神，即海创精神。

在路下徐村，书坊殷先生结合当地“五匠”文化的特色，设立了“活字印刷术”这一体验项目，吸引了众多的亲子前来体验，这是相对于传统书坊的创新之处。无忧酒坊的老板娘推出了“酿造展茅米酒”体验项目，这也是一种创意。这些都是海创精神的体现。与此形成对比的，则是这儿的蛋糕坊，它固守原来的经营理念，做的多是多奶油的、符合年轻人口味的甜品，这忽视了其最大的消费人群即老年人对于健康的需求。所以它并没有得到良好的收益。这是海创精神不足的体现。所以有时创新精神是决定成功的关键因素。

《舟山，一只困在山里的海鸟》一文提到有些舟山本地人存在优越感和社会排斥心理，这种“故步自封”的思想对于创新氛围的形成大为不利。对于海岛乡村来说，本身缺乏良好的营商环境，当地政府没有采取相应的激励措施去鼓励创新，这使得有些经营者固守政府原先的规划，不去主动创新、进一步挖掘特色。因此，对于海岛来说，发挥海创精神对于海岛的发展至关重要。

## （三）舟山海岛乡村人才振兴的对策建议

### 1. 健全人才服务机制，打造人才安居最优生态

舟山群岛具有天然的地理区位优势，风景旖旎、生态宜居，凭借与钢筋水泥 CBD 景观截然不同的“桃源”美景，舟山市委致力于打造人才安居最优生态，筑巢引凤。安居方能乐业，舟山市委人才办打造高标准布局的优质人才公寓（公租房），在实现“居者有其屋”的同时，回应人才关心的“关键小事”，提升居住品质，实现“居者优其屋”。海岛这一区位条件既可以成为劣势，也可以成为优势，在现如今“逃离北上广”浪潮的背景下，海岛城市可以通过宜居的生态优势，接纳人才流入，实现人才与海岛的共同发展。同时，完善的人才服务机制也是海岛特殊区位条件下对人才而言有力的保障，可以成为吸引人才流入海岛的一支强心剂，对于人才引进来说至关重要。

政府可以着力打造“三个一”人才服务机制，出台吸引人才的措施。一是制定“一揽子”人才服务政策。出台人才落户、安居、购房、购车、子女入学、配偶就业、医疗保障等一系列专项政策，为乡村人才提供全方位的服务保障。二是推进“一站式”服务，打造集成式的人才综合服务信息平台，按照“最多跑一次”改革要求和人才工作数字化要求，整合优化相关部门人才工作职能、项目和流程，全面提升人才办事效率。三是提供“一专员”个性服务。村干部应定期与人才交流，切实了解人才的思想、工作、学习、生活情况，及时发现问题，尽力解决问题。舟山打造人才安居最优生态工作的下一步就是要着力保供给、优服务，引导各县区提升人才公寓的配置水平，提高入住率和周转率，通过人才服务机制保障，解决人才的后顾之忧，使人才留在海岛、安居在海岛、发展在海岛，最终实现人

才与海岛的共同发展。

**2. 促进产业融合，打造海岛乡村人才“磁场”**

完善海岛的基础设施建设，增强与其他地区的相互联系，吸引本土人才就业。全国人大代表董晓宇说：“在推进乡村振兴的新发展阶段，必须紧紧抓住产业兴旺这个关键基础，特别是一、二、三产业的深度融合，以乡村产业蓬勃发展带动乡村全面振兴。”结合当地特色，促进一、二、三产业融合发展是留住人才的基本举措。在已有的第一产业方面，要做精农业，培育具有特色创新的农产品模式，使游客留得住“乡愁”，比如路下徐村的开心农场，不仅提高了管理的效率，还成为当地第一产业的特色之一。同时，延长产业链，做强农产品加工业。这要求建立农产品质量监督和检测体系，保证农产品的质量，进而推进农产品生产规模化。还有，发展第三产业，比如推出特色海岛乡村旅游，利用“旅游 + 电商 + 农产品销售”模式带动农产品销售。对于海岛乡村来说，发展模式不能只局限于第一产业，二、三产业的发展更能为人才提供更广阔的发展平台，是留住人才、引进人才的关键，是将海岛乡村打造为人才“磁场”的重要步骤。

**3. 释放发展潜能，构造海岛聚“才”盆**

舟山是一座海岛城市，是目前浙江省唯一一个不通高铁的城市，处在孤岛状态的交通末端。舟山的交通状况，使得舟山和上海、宁波这三座地理位置相近、方言几乎相同的“阿拉”城市之间的联系受到了阻碍。但也因为舟山是一座海岛城市，具备渔、港、景优势和区位优势，发展潜力巨大。因此，要释放舟山的发展潜力，就需要完善基础设施。海岛特殊的环境对综合交通、能源保障、水资源利用、高速信息、防灾减灾这五个方面的基础设施要求较高①，尤其是要构建便捷的综合交通网络。2020 年底，浙江省发改委正式批复新建甬舟铁路的初步设计，密切了舟山未来与宁波之间的联系。东海大桥联结上海和舟山嵊泗县的小洋山，畅通了舟山与上海之间的联系。完善基础设施，提高交通通达度，充分释放舟山发展潜能，实现了对人才的有效聚拢。

**4. 培育新型职业农民，提升当地岛民技能**

由于海岛特殊的地理位置，岛民普遍受教育程度相对较低，获取知识

① 谢慧明、马捷：《海洋强省建设的浙江实践与经验》，《治理研究》2019 年第 3 期。

的途径相对较少。习近平总书记强调，要“就地培养更多爱农业、懂技术、善经营的新型职业农民”。为培养新型职业农民，应当发挥政府的驱动作用，引导并鼓励基层领导干部实地调查，切实了解农民的需求，并有针对性地进行培训：政府也可以创新培训方式，请当地示范岛民开办讲座、交流会，与其他岛民交流经验，发挥“先富带动后富”的作用，从而实现当地岛民整体素质的提高。另外，可开设线上培训，同时开展当地海岛的实地考察学习活动，线上与线下相结合以提高培训的质量，从而保障岛民技能水平提高，以培养生产经营型、专业技能型和社会服务型等新型职业农民。

以路下徐村为例，政府基于舟山海岛的特殊条件，在路下徐村设立了乡村振兴学院，通过这种方式，为乡村振兴人才提供了一种教育培育的路径，为提升当地居民人口素质和修养提供了保障，同时加强了对高素质农民、能工巧匠等本土人才的培养。也可以打造实训基地和人才孵化基地，推动和培训农民应用新技术。

**5. 培养海创精神，形成创业创新氛围**

海纳百川、兼容并包的海创精神有利于形成良好的创业创新氛围，创业创新氛围的形成关键在于改变人才观念、健全人才激励机制。根据《舟山市“十四五”规划和 2035 年远景目标建议》，为打造区域性人才新高地，要健全人才政策体系，推动产业地图、人才地图、服务地图有机衔接；推动政府职能从研发管理向创新服务转变，健全技术创新的市场导向机制和政府引导机制。舟山开展研发投入“三年倍增计划”和科技企业“双倍增”行动，通过政策倾斜，扶持科技创新服务平台建设、企业技术创新和成果产业化项目，鼓励在舟高校深度参与企业知识产权创造。在考评机制上，以集聚创新要素、增加科技投入、提升创新能力、孵化中小企业、培育新兴产业为重点。转换方式对人才进行政治引领和政治吸纳，弘扬科学精神和工匠精神，弘扬创业创新文化，增强人才黏性，进一步释放全社会的创业创新活力。

针对当前舟山渔村建设与高校脱节的情况，渔村应与舟山高校增强联系，建立“产学研”合作平台。一方面，起到改变年轻人观念的作用，为高校学子提供更多“走出课堂、走到农村”的机会，让他们真切体会到舟山乡村振兴的发展与成就，激发他们投身乡村建设的热情，使他们结合自身专业思考乡村振兴中的问题，找到自己的“用武之地”，为乡村振兴贡献力量。另一方面，“产学研”平台的建立能起到相互促进的作用，对于高校教学和研究来说，当地发展过程中的难题为教学提供了鲜活的素材，有利于培养学生解决相关实际问题的能力。对于农村的建设而言，学校为其解决问题提供了智力支撑，达到了“引智”的效果。同时，“新鲜血液”的到来，为乡村的发展注入了活力，有利于形成创业创新的氛围。

## 五　结语

党的十八大以来，科教兴国、人才强国和创新驱动发展战略被摆在国家发展全局的重要位置。2021 年中共中央办公厅、国务院办公厅印发的《关于加快推进乡村人才振兴的意见》提出，“乡村振兴，关键在人”，强调人才对全面推进乡村振兴、加快农业农村现代化的支撑作用。本文通过实地调查和深度访谈，运用扎根理论的研究方法，通过 NVivo 软件进行编码分析，来探究影响海岛乡村人才振兴的因素，得到了四个影响因素，它们的作用程度各不相同。其中，政府重视是舟山海岛乡村人才振兴的核心因素，本土人才开发是舟山海岛乡村人才振兴的关键因素，外部人才引进是舟山海岛乡村人才振兴的重要因素，完善人才振兴体制机制是舟山海岛乡村人才振兴的根本因素。同时，我们发现了海岛留人难、聚才难、岛民缺乏本领和海创精神不足等问题，并提出了健全人才服务机制、打造海岛乡村人才“磁场”、提升当地岛民技能水平、培养海创精神的对策建议，为舟山海岛乡村实现人才振兴提供思路及借鉴。

中国海洋社会学研究
2021年卷　总第9期
第94~112页


# 我国休渔制度下行政管理体系与渔民的交互性影响研究[*]

## ——以广东湛江硇洲岛为例

罗余方　谢　炫　陈　藏　黄　圳[**]

**摘　要**：休渔制度是关乎海洋及相关产业高效、可持续发展的重要制度，但其涉及的相关利益主体庞杂，致使该制度在推进和实施的过程中出现了一些亟待解决的问题。本文围绕休渔制度和休渔政策在基层的推进和落实展开分析，运用定性研究的方法，以广东省湛江市硇洲岛为田野点，通过参与观察、深入访谈和查阅相关文献资料，对当地休渔期所暴露的问题进行了实地调查研究。研究发现，休渔期所暴露的相关问题与三个主要的参与主体，即基层政府、村（居）委会和渔民三者之间交织联动、密切相关，要解决当前休渔期渔业面临的困境，不能割裂上述主体中的任意一方。本文通过运用交互理论分析不同主体视域下的休渔期困境及其原因，提出了优化休渔期基层治理的策略与方法。

**关键词**：休渔制度　基层治理　海洋渔民　交互性影响

---

* 本文系国家社科基金项目“新时代岭南少数民族农业文化遗产的保护利用与乡村振兴互动研究”（项目编号：19BMZ089）、广东省哲学社会科学“十三五”社科规划2020年度粤东西北专项项目“灾害人类学视角下基层社区台风应对的社会韧性机制研究 ”（项目编号：GD20YDXZSH25 ）的阶段性成果。

** 罗余方，广东海洋大学法政学院讲师，广东沿海经济带发展研究院海洋文化与社会治理研究所研究员，人类学博士，研究方向为海洋人类学、环境人类学；谢炫、陈藏、黄圳，广东海洋大学法政学院政治学专业2018级本科生。

## 一 引言

中国是一个海洋大国，党的十八大提出了建设海洋强国战略，海洋渔业作为现代农业和海洋经济的重要组成部分，对于我们建设海洋强国和实现乡村振兴均具有重要战略意义。新中国成立之后，我国的海洋渔业迅速发展，海洋捕捞的产量大幅增长，尤其是改革开放以来，渔民收入有了大幅提高，促进了整个经济社会的发展。但是在产量和收益增长的同时，我国海洋渔业也暴露出了很多问题，诸如海洋渔业发展方式还较为粗放、近海过度捕捞问题严重以及海洋环境污染加剧等。这些问题严重制约了海洋渔业持续健康发展。为此，国家从 1995 年开始正式实施海洋伏季休渔制度（简称休渔制度）。该制度的初衷是限制渔民的过度捕捞，缓和我国当下捕捞能力严重过剩和渔业资源基础相对薄弱之间的矛盾。伏季休渔制度实施以后，对促进我国海洋渔业可持续发展起到了一定的积极作用，但在具体实施过程中仍然存在很多问题。近年来，国家逐渐加大休渔的力度，休渔时间从最初的两个月延长到后来的三个半月至四个半月。每年参加休渔的捕捞渔船超过 10 万艘，休渔渔民达上百万人，休渔制度成为我国在渔业资源保护方面覆盖面最广、影响面最大、涉及渔船渔民最多、管理任务最重的一项保护管理措施。①

学界目前关于休渔制度的研究主要集中于经济管理和水产领域，研究多从较为宏观的理论视角出发，关注的是休渔制度本身的合理性及其产生的经济效果、社会效果、生物学效果等②，鲜有从底层微观的视角出发对休渔制度在具体执行之中所碰到的实际问题的实证性研究。休渔制度的形成与落实，涉及渔民、村（居）委会、政府的执法机关等多个利益主体，撇开任何一方，这一制度都很难得以有效的实施。基于此，本文选取了广东省湛江市硇洲岛田野考察点，以个案研究的方式，运用定性研究的方法去探究休渔制度推进过程中所面临的困境及其背后的原因，同时运用交互视

① 高云才：《首次全面实施海洋伏季休渔制度——坚持人与自然和谐共生》，《人民日报》2018 年 12 月 8 日，第 4 版。

② 朱玉贵：《中国伏季休渔效果研究——一种制度分析视角》，中国海洋大学博士学位论文，2009。

角理论对镇政府与村（居）委会之间、镇政府与渔民之间的关系进行探析。本文还对各级政府间的自由裁量权张力进行了分析，探究其对休渔期渔民生计及休渔制度推进所产生的影响，在此基础上为推进休渔制度发展和基层治理能力现代化建言献策。

## 二　休渔期的困境——主体间良性交互的缺乏

近年来，主体间的交互研究成为学界研究的一个热点。哈贝马斯在基于个体互动规范的交往行动理论中指出，交往行动涉及主体相互间的关系，涉及社会世界，表现为相互作用，这深刻地揭示了交往行为中的主体交互性内涵。[①] 当我们把研究视角从个体交往转移到基层治理交互时，我们会发现现代渔村治理充满了不同主体之间的多向互动，而在这个过程中，良性互动的缺乏，是休渔期治理困境产生的主要原因。基于此，本文选取参与休渔期互动的三个主要主体——基层政府、村（居）委会、渔民进行分析，去剖析困境背后的机理。在这里需要强调的是，虽然出于论述需要，交互视角被进行了拆分，但三个主体在现实中更多表现为一种多维度、多层次的立体性范畴。它既被作为一种信息交互反馈链条，又被视作实体治理现状来建构。

### （一）基层政府视域

基层政府是渔民生活与政治治理的连接点，也是国家休渔制度的执行末梢。相比于宏观治理、国家政策，基层行政的体量是渺小的，但其所关系的民众生活福祉是无上的，是人民群众对于政府信任的源泉，是我们党领导国家走向富强的基础。政府施政往往通过政策制定开展，由一线单位加以执行，进而影响受众，想了解休渔期基层政府视域下和渔民的互动，首先需要清楚休渔期政府的政策。

#### 1. 休渔期硇洲镇政府的政策

政策有利于调整优化渔民的行为，包括转产转业、休渔期禁止捕鱼等，

---

① 路在府：《我国城市管理中的商谈治理及其实现机制——基于交互主体和公共理性的政治哲学向度》，《河北青年管理干部学院学报》2013 年第 5 期。

进而引导渔业健康发展，并使休渔期渔民生活得到保证。在讨论休渔期镇政府政策时，借鉴弗雷德里克·赫茨伯格的“双因素激励理论”，把基层政府的休渔期政策分为激励性政策、保健性政策和约束性政策。

激励性政策作用于渔业本身，即通过物质激励或减免税收让渔民在遵守规范的情况下从事渔业得以获利，增强渔民对于工作的满意感，具体有休渔补助与渔船油价补贴两项政策。以广东省为例，参加休渔的渔船除按规定减免适当资源增殖保护费外，从2013年起每年都有专项资金，用于补助受全省休（禁）渔影响的船员，休渔渔船的船员在休渔期将获得补助1500元。上述休渔补助与渔船申报制度挂钩，政府会对记录在案的渔船、船主进行补贴。渔船申报需要有相关的证书，分别为“渔业船舶检验证书”、“渔业船舶登记证书”及“渔业捕捞许可证”。渔船油价补贴的补助对象是指中国渔政指挥系统中依法从事国内海洋捕捞及水产养殖并使用机动渔船的渔民、渔业企业或组织等，渔业辅助渔船不得作为补助对象。硇洲镇现登记的有证渔船有696艘，2020年于镇上办理休渔补贴的有450多艘①。造成其中数量差额的原因有二，其一是部分有证渔船是在异地办理补助的，其二是一些渔船因为保险到期没有续交，所以补助无法继续核批。

保健性政策主要指的是休渔期通过非直接作用于渔业的方式，帮助扶持渔民，引导其转产转业，保障渔民在休渔期的利益，避免渔民对休渔制度所带来的不便产生不满。在这方面，硇洲镇所属的湛江经济技术开发区的人社局每年都会组织3到4次技能培训，包括厨师技能类、修理技能类等，所有这些技能培训包括培训吃住均为免费。

约束性政策是指通过对休渔期渔民个人或群体行为强加约束或限制，从而限制渔民在休渔期出海的自由，减少破坏休渔制度的行为。在硇洲镇，约束性政策更多地体现为由渔政大队、边防派出所、海警等部门在休渔期进行分职能管理、海上巡逻、海上联合执法巡察，对在休渔期违规出海捕鱼的渔民进行罚款，收缴捕捞工具。

**2. 休渔期互动中基层政府面对的困境**

在休渔期，硇洲镇政府作为基层行政单位面临的主要问题包括实践中执法机构的条块不清、权责不明，执政者对监察的恐惧与有效治理的矛盾，

---

① 以上数据来源于硇洲镇办公室工作人员的统计数据。

问题反馈困境下的基层权力束缚，认知理论与基层实践的三重倒挂等问题。

（1）困境一——执法机构权责不明

条块不清、权责不明，向来是基层政策执行的难处，不同单位之间，权力纵横交错，这一方面有利于互相监督、进行分工、联合执法，另一方面，也为互相推诿、踢皮球、推卸责任提供了空间。“空转政府”现象，不仅在于群众自下而上，向政府寻求帮助时的求告无门，也在于基层政府自上而下，面对违法行为时的执行困难。硇洲镇政府综合办公室的一名干部这样描述这一困境：

> 对于这个问题我们专程发了函去区管委会，想认定、分清这个职能分工，但就是比较乱。因为这是国家层面设置机构的时候的责任分工的问题。比如说像海警，它主要职能是管理海上经营这个行业的，抓鱼的它就说不属于它管。像渔政大队它是属于我们海洋渔业局下面的一个下属机构，它的职能包括所有海上渔业生产这一块，按照我们一般人的理解，你所有的海上渔业生产，所有渔船你都需要管。然后还有个边防派出所。边防派出所就是边境管理，防止他们偷渡越境走私这些。还有一个海事部门，海事部门专门是，怎么说呢，海上的商贸型的商船，就海事部门来管。然后海警它还有一个职能是海上所有的违法犯罪行为都是海警管，不知道你们听了之后清不清晰，我用一艘船打个比方。我们的船是“三无”渔船，从事载客观光这种经营行为。分析我犯了什么罪，第一，渔船是“三无”的，不能从事任何经营行为。第二，船的性质是一条渔船。第三，渔船没有载客观光的经营许可。我刚才举的例子中的行为就涉及三个部门共同管理，一个海事一个海警一个渔政，然后三个都说不是我管，是别人来管，现在现状就是这样子。然后我们镇政府最大的责任，是属地管理，但是属地管理，这个东西套下来的话，什么都归我们管，但是我们确实又什么都管不了。第一个我们没有行政执法权，第二个我们没有专业船只或者相关的设备，比如说在休渔期，我们在岸边可以看到渔民在海里捕鱼，我们只能在岸上干着急，我也不能说拿个喇叭去喊，或者过去抓他，我没有这个措施，没有这个办法去阻止他的违法行为。（访谈编号 20210111001）

从上述访谈材料可以看出，虽然基层政府干部对于部门权责不明问题的症结了解得非常透彻，但因为涉及宏观机构设置问题，他们无力去做进一步的改变，言语之中流露出的更多是无奈，可谓出现了一种个体认知、理论逻辑与实践的倒挂现象，道理大家都懂，但是困难依旧存在，且难以改变。当然其中也有一定的客观原因，涉及顶层职能设计缺陷，确实已经超越了镇政府的职权界限。想要进一步探究上述问题，则需要了解，在面临休渔期难题时，不同层级政府间的信息反馈与问题处理。

（2）困境二——反馈难题下的基层权力束缚

调研发现，休渔期信息的反馈更多体现为一个基层长链互动的过程，不仅在不同层级政府间进行，还包括渔民个体，居委会、村委会等自治组织，再到不同层级的政府，每一个反馈环节，其信息接收主体都有不同的“应对之道”，也有各自的难题。在镇政府视域中，更多的是尽力而为，不是所有的反馈都有效，也不是所有的需求都会获得满足。镇政府只能是逐步地去改善或者改进这些问题。一些问题往往在乡镇是排在前面的，但是到了县（市、区）层级，其重要性就被削弱了。相应地，问题被讨论的顺序，解决问题所要调动的人力、物力也将被以一种全新的视角进行考量与优化配置。这是客观存在的问题，并非由懒政怠政所导致。面对反馈困境，镇政府在大的宏观政策下，受制于本身的职能权限、资金，很难发挥地方的灵活性去自行解决问题。访谈中，镇政府党政办公室主任提出了对于上述问题的看法：

> 因为我们没有一个规范性文件，这些规范性文件是根据它自身的能力或者工作方式或者财力去对一件地区性的事情进行推动。是结合实际来做，它不会说很普遍性地去做。遇到问题，只能是（向市里）打汇报，打汇报还不一定批，批了还不一定有钱。（访谈编号 20210111001）

除了不同层级政府间反馈问题的困扰，镇政府党政办公室主任还强调了基层的经济束缚与有效治理开展的窘境。即使镇政府主动作为，在发现休渔期违法行为时与相关职能部门积极沟通、互动，也无法有效解决问题。因为目前不管是渔政部门还是边防派出所，其所配备的专业人员相对较为缺乏，这不仅仅是干部个体是否努力的因素，背后还存在着基层经济制约。

镇政府党政办公室主任指出：

> 目前具备相关证件的开船工作人员其薪资一个月 2 万到 3 万（元），而基层所能提供的工资却只有 2000 到 3000（元），难以聘请相关人才。虽然执法部门有船，但是工作人员没有相关资质，本身作为执法部门，可能执法犯法。即使把船开出去了，万一撞到了人，责任又属于执行人员。这种问题在基层尤为普遍，非常难以解决。（访谈编号 20210111001）

（3）困境三——一统体制、监察恐惧与有效治理

治理内容、治理规模、治理形式往往是互为联动的。一统体制在实践层面具有相对性，县（市、区）为乡镇之核心，中央为地方之核心。许多重要事务，需要先与上级沟通、汇报。因层级不一，在治理规模和治理内容的不同而导致的一统体制下，信息反馈双方的思考偏差与不兼容集中体现为一统体制与有效治理之间的内在矛盾。从组织治理的角度来看，这一矛盾的激烈程度和表现形式取决于两个因素：一是统辖的内容或治理的范围，二是资源和权力的重心所在。[①] 在本次调研中，当观察的视角从央地关系转移到基层乡镇，我们依然发现了其中的共同之处。除了上述不同层级政府间问题的“反馈－解决”难题以外，还有基层执行者在监察恐惧与有效治理间的矛盾。虽然基层干部中不乏有想法的人，希望找到解决问题的态度和思路，但是在具体实践中，往往需要考虑一项具体解决措施的附加成本、风险、投入与综合效益。很多风险会让基层干部望而却步。对此，镇政府党政办公室主任也说出了相应的困难和期盼：

> 一个是他们渔船的话，一定出海捕鱼，最好是有相关的政策依据，要求他们一定要安装紧急呼叫装置和定位装置。有证的渔船都有，三无渔船没有，而且我们根据现行的法律法规，我们没有依据去要求他们向我们汇报渔船所配备的东西，而且上级没有个指导的话，或者没有一个集中的安排布置的话，很多时候我们主动去开展工作，反而是

① 周雪光：《中国国家治理的制度逻辑》，生活·读书·新知三联书店，2017，第 7～29 页。

变成了我们的一个过失。比如说，我们硇洲这边1000多艘三无渔船，我全部要求他们去装一个型号的GPS也好，定位装置也好，应急装置也好，对涉及的金额每一个可能是四五千块，可能金额加起来就到400万、500万（元）了，我很容易就会被别人攻击？你是不是在从中牟利，你是不是有其他想法？而且我们如果单单只是装了这个东西，没有搭建起一个平台过来，没有一个实时监控、实时呼救、实时救援的功能的话，其实作用也是不大，只能说装了就装了，但是没有发挥作用。对吧？但是如果能够统一搭建一个平台，每艘船全都有定位，你船开到哪里，我这个显示屏或者手机或者电脑上面一下就可以知道你的位置，你哪个船呼救的时候在哪个海域，因为其实渔船出海遇险这种情况是很难找到船的。（访谈编号20210111001）

在访谈中，镇政府党政办公室主任还谈到了一个有趣的现象，很多时候基层干部主动去开展工作，反而变成了自己的一个过失。在大多数情况下，基层干部需要等待自上而下的合法性授权，例如政策的颁布，技术、人才与资金的支持等。基层干部对于责任承担、舆论非议、监察处理的恐惧心态更是反向强化激励的现象。这种恐惧除了个人主观因素外，其背后恐怕更多地受制于多级政府间信息的不对称性、行政分权与问责机制的整合缺失。当然上述情况也可能存在着庞大组织架构下的客观原因。例如，周雪光认为在当代中国，国家治理在很大程度上是通过政府组织来实现的，即国家通过各种整合机制和制度安排来完成这一使命。但如同其他组织一样，政府也面临着组织管理、信息不对称性、激励配置、利益协调等一系列交易成本，而且这些成本因为政府组织的垄断性、政府官员的内部市场流动有限和向上负责制等一系列组织制度特点而被放大加重了。[①]

（4）困境四——理论认知与实践的三重倒挂

理论为我们提供了认识世界的图景和指导实践的依据，但到了具体的情境事件之中，人们往往并不能完全根据理论的认知来行动，有时甚至会出现理论认知和实践的倒挂现象。笔者通过调查发现，在休渔期基层行政体系与渔民互动过程中出现了理论认知与实践的三重倒挂现象。

① 周雪光：《中国国家治理的制度逻辑》，生活·读书·新知三联书店，2017，第7～29页。

其一是在镇政府层面，即干部的思想认知和实际执行层面的倒挂。许多难题，人们并非没有好的思路与想法，并非对于问题的原因认识得不够深刻，但是在实践层面，却受到客观条件的限制。

其二是镇政府态度与村委会态度的倒挂，在面对休渔期渔民问题与困境时，按常理而言，村委会是由行政村村民选举产生的基层群众性自治组织，对村民负责，受村民监督。村委会负责本村的公共事务和公益事业，向人民政府反映村民意见、要求和提出建议，应该站在村民的立场上，提出建议与看法。而本次调研发现，在采访硇洲镇镇政府时，工作人员更多是从村民角度，或问题本身角度来讨论，在采访相关村委会委员时，接受采访的村党支部副书记却更多是站在党和国家的宏观立场上，自上而下地看待村内渔民的休渔期困境。

> 这个东西是这样的，你说你（渔民）休渔期没有生活来源，国家是不是要给你一万块？那么你打鱼一年赚几十万（元），你回报社会没有？没有钱你就来这里说。这种东西很矛盾的，国家有国家的法规，休渔期也是国家的规定，渔民要支持一下这样才行。休渔期就去打打工啊，可以维持生活。你不去就给国家添乱咯。国家每年给你柴油补贴一百多万元。你住那个屋子、高楼大厦，谁给你的？国家给你的，共产党给你的（说这句时狂敲桌子），你要回报社会知不知道？这个我开会也说了几十次了，没有钱的时候你这样说，国家给你一百多万元补贴的时候你不说。做渔民的也要感谢党，这是有国家政策扶持你的，不是你个人做的。现在这个海资源少了，所以说这个渔民的心声我们也理解，但渔民要知道这些福利是谁给你的。（访谈编号 20210111002）

从村党支部副书记不断敲桌子强调的感恩与回报、爱党与爱国，不难看出，在基层休渔期互动中，除了自下而上的问题反馈与收集，来自村级自治组织自上而下的宣传与说服也是不可忽视的一部分。宣传工作是基层任务中的重中之重。但当笔者询问到一些具体性的休渔期问题时，村委会工作人员往往回避对于休渔期渔民具体矛盾的正面回应。

第三重倒挂体现在政府描述与渔民的反馈之间。调研发现，在补贴发放、休渔期转产转业，包括相关渔业安全警示的宣传教育上，可以说镇政府均有所作为。在法律、政策框架下，其似乎已经穷尽了镇级行政单位力所能及的所有努力，即使是最为极端的案例，如面临已经完全丧失劳动能力、无法转产转业的老渔民，也有低保政策兜底。从执行层面来看，其不可不谓“有为政府”，但是在渔民反馈的部分，本次调查中几乎所有的受访渔民均表达了对于休渔期问题的不满与无奈。

三重倒挂现象令人深思，而其背后的逻辑更值得探究。在基层治理中，宏观政策的统一和基层具体问题高度交织，具体体现为基层活动执行中的灵活性和思维分析里的模糊性。在基层治理中，干部要成功把控这种模糊性行为边界并不容易，往往需要极大的政治智慧，并且在成效显现前需要不断承担风险。当前景未知时，即使知道可能有更好的处理方法，人们也往往倾向于使用风险更低的方法，“维持现状”，抑或“循序渐进”，往往会变成干部个体的最优选择。干部“认知与实践”的倒挂，除了不可忽视的客观经济、人力限制以外，主观层面的因素也需要被充分考量。在灵活性行为中，同一件事情，可以被解释为维持现状，也可以被解释为循序渐进，并以此用客观困难承载并化解基层治理风险。在第二重倒挂中，镇政府干部和村委会成员形成了鲜明对比，这同样与模糊性边界有关，具体表现为监察恐惧。信息时代的网络与科技无形中对于采访团队进行了技术赋权，在越靠近基层处，赋权的影响效应越大，镇政府工作人员在职能的法理性、经验的丰富程度上，明显优于村委会成员，面对来访者，有更多底气从事情本身阐述原委，并承担接受采访的风险。而村委会成员，则会更倾向于用宏观政策等来答复，不仅是对调查团队这样，对基层渔民进行宣传时也是这样。同样是在公开场合，这样的风险系数是最小的。采访与宣传的不确定性在宏观“正确言论”的辅助下被降到最低。两方面考量对于执行的模糊性会产生重要影响，其一是风险程度，其二是有效程度，二者时而统一，时而分离。在二者呈现互斥趋势时，风险性考量往往会侵占有效性的空间。而在此基础上形成的理论认知与实践反差，最后经过民众反馈即构成了第三重倒挂现象。当然，人民群众对于幸福生活的向往是无限的，这也是表达民众批判性意见的原因之一，需要我们去正视。

### （二）村（居）委会视域

村（居）委会是介于国家与村民之间至关重要的角色，它关系到能否有效地在国家与村（居）民之间实现利益调和，即既能够满足国家的长远性改造需要，又能够履行村民之间的利益分配与福利供给职能①。本次调研的硇洲岛红卫社区是一个纯粹以海洋捕捞为主的大型渔业社区，以下是对在休渔期红卫社区居委会在参与渔村治理互动中的作用与面对的困境的分析。

**1. 村社理性在休渔期的体现——村（居）委会的承上启下作用**

当互动视角从基层政府转移到了村（居）委会时，随着权力大小、组织框架、赋权来源的变化，村（居）委会在面对休渔期互动时所具有的职能与其展现出来的应对逻辑必然会有所不同。这种应对方式的不同与基于乡村民主选举下的村社理性是密不可分的。温铁军和董筱丹认为，村社理性就是村社能够内部化处理成员合作的交易成本，形成组织，在要素配置和社会治理中具有弱化风险、维护稳定的作用，在治理领域就是通过节约交易成本，低成本地实现地方公共品供给和地方有序治理。② 在硇洲岛，村（居）委会调节基层政府与渔民利益、整合国家政策与休渔期渔民的能力可被看作村社理性在休渔期互动中的核心体现。在休渔期与渔民互动的过程中，红卫社区居委会想方设法地为渔民谋出路。在遵循相关的法律法规的基础上，红卫社区居委会承担着有特点的职能：承上启下，作为镇政府与渔民间沟通的桥梁。于政府而言，红卫社区居委会主要扮演着信息指示的遵守者与传递者的角色，通过上传下达使各渔民知晓相关信息，如通知渔民办理渔船证件、及时提醒渔民核对并上交部分资料。对渔民而言，红卫社区居委会扮演的角色是规则的引导者与民生需求的反馈者。红卫社区居委会的谭副书记认为："如今信息科技的迅猛发展，大大提高了居委会与渔民间的信息传递效率，目前大多选择建立手机网络群组聚合各渔民，利用网络大众媒体将信息及时、公开、有效地传达至渔民手中。"同时，针对渔民平日里的诉求与建议，居委会内部会先进行讨论与表决，尽可能满足全体居民的需求，公平公正地向上级政府反馈。总的来说，红卫社区居委会扮演的承上启下的角色使镇政府与渔民们形成了融合关系，这种方式使信

---

① 朱静辉、林磊：《村社理性中的国家与农户互动逻辑：基于苏南与温州"村改居"过程比较的考察》，《南京农业大学学报》（社会科学版）2020 年第 2 期。

② 温铁军、董筱丹：《村社理性：破解"三农"与"三治"困境的一个新视角》，《中共中央党校学报》2010 年第 4 期。

息指示高度透明化，有效降低了工作人员贪污腐败的风险。

**2. 赋权者的适应性过渡——法理赋权与现实指导的冲突**

村民委员会是乡镇所辖行政村的村民选举产生的群众性自治组织，其成员产生依赖于民主直接选举，权力来源于村民，这与人大代表的选举，党政领导岗位必经的党委提名、组织部考察的方式有着本质区别。权力行使往往需要服务于权力来源，而这亦构成了村委会在休渔期治理互动中面临的困境之一，即法理赋权与现实指导的冲突。作为法理上直接赋权者的本村渔民是部分的、分散的，渔民只是赋权来源的一部分，并非整体，且多个个体的意见在现实中难以形成统合，日常中多忙于生计，缺乏主动影响村委会的能力。在休渔期治理框架中更多处于一种被动接受状态，而处于间接指导地位的上级基层政府虽然不是村委会的直接赋权者，但其掌握着大量能够影响村社发展的国家机器和国家资源，组织指导意见相对稳定且统一，往往能够突破既有赋权理论，对村委会的日常工作产生更大影响。不平衡性互动的影响在村（居）委会实施基层政府政策和满足渔民诉求时尤为明显，在一定程度上干扰了村（居）委会为休渔期渔民服务的初心，不利于良性互动的构建。

**3. 主动“撤离”与选择性偏移——村（居）委会缺位的需求**

面临休渔期的治理难题，村（居）委会在同渔民的互动中，与镇政府不同，不仅有为民服务的“有为”需求，还存在主动撤离式的“缺位”需求。对此，村党支部谭副书记如此描述：

> 这个渔船，（比如）上面阳江那边的居委会或村委会基本上都有一个渔民合作社，在我们这边就没有这个渔民合作社，没有这一级，所以我们就基本上所有的政策呢是直接到渔民那里。其他什么政策啊都是（政府）直接跟渔民对接的，我们只是负责通知他们拿资料过去办就行了，其他的就没有什么么了。（访谈编号 20210111002）

村党支部副书记的表述说明了一个现象的存在，即政策直接到渔民，淡化了村（居）委会的作用。接下来在居委会委员的补充中，调研团队进一步了解到了“缺位”需求产生的原因。

就是以前有时候会说那个钱拿到我们居委会，我们居委会再拿给渔民，那么这个环节，国家就怕把钱吃了，比如那个钱 1000 块，吃了 300 块，700 块给渔民。可能上面也有考虑这个东西的，所以说他们就不能把这个东西放到社区，（而是由政府）去和他们直接沟通对接。这样也好，我们也放心，是这样的。这个更好，是不是？（访谈编号 20210111002）

现实情况往往是复杂的，基于经济风险防控下的理性缺位，在基层执行时往往存在一种“扩大”的趋势，并演变为对于基层政府的依赖与服从。当笔者问及是否需要对于政策进行宣传时，居委会工作人员立马进行了纠正，“不是宣传，是传达上级的指示”。在如今的制度下，虽然居委会与镇政府并非上下级关系，但这种行政任务的“工具化”执行思维依然存在。如果说在休渔期互动中，镇政府的指导仍然有反馈和沟通的余地，那在居委会视域中，休渔期问题的复杂性更体现在毫无改变余地的宏观国家政策与基层渔民的个体需求发生冲突。

他们（渔民）考虑自己的生活比较多，但是国家有国家的考虑，所以就相违背在这里。国家的格局比较大，所以他们（渔民）想到自己的东西比较多的话，那就跟国家的政策有冲突了，有时候就会产生这些矛盾。不能说每个人所想的都能够按照自己的意愿去做，这个确实是不可能的。都是要在国家的一个政策，或者说法律范围之内，做合法的事情，你才能算是正当的生活。这肯定是有矛盾的，主要是看这个矛盾怎么解决，你自己本身心里是怎么去想的。（访谈编号 20210111002）

值得注意的是，在村（居）委会处理休渔期互动难题中，任何一处“合理性解释的背后”，都存在着客观偏移的空间与可能的主观偏移动机，包括对于基层政府指导的重视、对于国家政策的支持。在实践中稍有不慎，都可能会迅速滑向对立面，即对政府的依赖和对渔民诉求的忽视。如果说在上述讨论中，客观原因仍占较大比例，本文将从信息的沟通与反馈这一基层互动视角进一步进行探究。

#### 4. 基层信任陷阱与偏态强反馈

诺尔－诺依曼在解释传播学中"沉默的螺旋"现象时指出，对于一个有争议的议题，人们会形成有关自己身边"意见气候"的认识，同时判断自己的意见是否属于"多数意见"。当人们感觉到自己的意见属于"多数意见"或处于"优势"的时候，便倾向于大胆地表达这种意见；当发觉自己的意见属于"少数意见"或处于"劣势"的时候，遇到公开发表的机会，可能会为了防止被"孤立"而保持"沉默"。[①] 在前文对三重倒挂现象进行分析时，本文论述了村委会成员在回答一些具体性的休渔期问题时，往往回避对于休渔期渔民具体矛盾的正面回应。与回复偏移相映衬的还有村委会成员瞬间提高的音量和略带激动的心情。笔者将这种现象称为"偏态强反馈"。在解释具体的休渔期渔民困难时，村委会成员不仅利用"意见气候"，判断自己的意见是否属于"多数意见"，而更进一步，试图在解释与回答中，用本就属于"多数意见"的爱党、爱国与回报社会来覆盖对于具体难题的回答，辅之以巨大的音量，使自身在信息交互反馈中，处于一种优势地位。这既满足了宣传需求，又在无形中让互动的另一方，无论是调研团队，抑或前来诉苦的渔民，进入"沉默的螺旋"。

回归休渔期的多维互动框架，在镇政府、村（居）委会与渔民交互的层层可能性偏移中，往往许多政策在下沉到基层、反映渔民感受时就"变了味道"，而这也让基层信任陷阱不可避免。本次调研发现，基层的"塔西佗陷阱"于部分年长渔民中已经开始出现了。

### （三）渔民视域

在传统研究中，常常把渔民作为政策承受的主体、一个因然的稳定因素。相关研究往往更多地从乡村经济结构优化、海洋环境保护等方面着手分析休渔期政策，本次调研更多着眼于渔民个体与村（居）委会、基层政府的互动，在个体的互动视角中分析休渔期渔民身处的困境。

#### 1. 法律与人情、生存与暴利的模糊空间

休渔期渔民的处境较为特殊，基层互动的三个主体都存在着一个共识，

---

① 伊丽莎白·诺尔－诺依曼：《沉默的螺旋：舆论——我们的社会皮肤》，董璐译，北京大学出版社，2013，第4～5页。

即休渔期渔民生活相对困难，需要帮助。但是，共识之下，不同视角的主体对于休渔期渔民的困境依然给出了不同的刻画描述。硇洲岛的渔民认为，休渔期无鱼可捕，转产转业困难，唯有外出偷渔谋生。但政府管控又极为严格，处罚极其严厉，丝毫不近人情。在渔民的反馈中，休渔期更多的是困难，这种困难既有来自渔民本身年龄较大、知识技能缺乏的内在原因，也有办证难、政府补贴不足且延迟发放等外在原因。在渔民视域中，休渔期偷海，更多的是生计所迫，是无奈之举，是法律无法遮掩的人情。

在镇政府视域中，同样的现象却有了不同的观点。休渔期实在无法克服困难的渔民有国家低保政策兜底，而剩下的情况无外乎两类，其一是通过政策顺利转产转业，其二是在休渔期进行偷海。这种偷海并非生计所迫，也不完全是因为转产转业困难，更多是出于对“暴利”的谋求。何为“休渔期之暴利”，镇政府党政办公室主任表达了其见解。

> 这个是一个很悲惨的故事，你违法了，我就得抓，但是偷渔其实利润是很高的，他们不是说没有办法去从事其他产业而去偷渔，他们是受到了经济利益的诱惑而去偷渔。我之前了解过，他们偷渔一天的话，收入大概是 1200～1800 块，好的时候可能到 3000 块。你说他去不去，他打什么零工有这个赚钱，所以这种东西只能是说一部分通过引导，一部分通过教育，一部分通过严格执法，加大处罚力度，就只能是这样去做，没有任何事情一个文件下来，或者一个措施上来，马上就把这个问题解决掉。（访谈编号 20210111001）

在村（居）委会视域下，休渔期渔民困境更多的是一个法律与人情的冲突，是宏观思维与微观思维的不同，村（居）委会对此深表同情，但法律一定是第一性的，虽然无力解决困难，却也力求说服渔民要承担责任、回报社会。上述三种视角在休渔期互动中相互交织，使得渔民的同一行为、相同困境在基层治理中延伸出了若干不同的分析与看法。法理与人情、生存与暴利的二重性及内在张力构成了休渔期渔民困境的模糊性。

**2. 政策与执行：中央与地方的两极意见**

对于休渔期生活处境的不满，在渔民口中直接转化为对村（居）委会和镇政府的抱怨，但值得注意的是，渔民的不满与埋怨并没有上升到休渔期政策本身，更没有上升到党与国家层面，只是局限于基层行政权力参与对象，或者可以说，只是局限于休渔期的另外两个互动主体。这种局限在某种意义上也可被视为“交互作用下的局限”，班图拉的“交互决定论”指出，“行为、人的因素、环境因素实际上是作为相互连接、相互作用的决定因素产生作用的”[①]。渔民本身的负面情绪被其在休渔期生活中接触到的外部环境与行为所塑造，受到互动的环境因素的限制。这种交互一方面加深了村民对于基层互动主体的不满程度，另一方面激发了其对更高一级执政者“善治”的向往。

> 它（镇政府）现在对于渔民没有关怀。有台风等情况，政府就不让你出海，（村委会）也是帮政府宣传，对于村的渔民没有去（关心）……禁渔期还是对的，国家的政策是可以的，但是到了下面的政府就变了。它执行上面政策就变了很多了。（渔民 A，访谈编号 20210110005）

现实中，建议与意见之差往往在于一念之间，对美好的向往总是包含着对已获得之物的忽视。渔民对更高质量的幸福生活的追求不会停止，知足常乐在个体思维中往往是稀缺的，这或许是渔民对于另外两个互动主体产生不满的原因之一。但上述不满的出现，也暴露了一个问题，即基层行政权力的约束。

**3. 逆向软约束弱化——教育和技能的欠缺**

对于基层的束缚有自上而下的硬性束缚，如纪委监督、组织部考察、经济指标的完成情况和来自省、区、市职能部门的不定期监督与巡视，这些监督大多有明确的量化指标，关乎基层的人事任用与考核，备受基层政府重视。现实中，伴随着基层民主选举、信访工作机制和互联网的普及，基层政府和村（居）委会也会受到来自渔民群体自下而上的软性约束。具体表现有三：一是村民直接选举下的选票制约；二是日常工作中渔民的不满意见的表达，包括信访工作的接待与处理；三是信息时代对于渔民群体的技术赋权。其中技术赋权的约束效果在近年来愈发被重视，随着网络的普及与手机等的应用，传播活动的壁垒减少，打破了原有基层精英话语垄

---

① 班图拉：《社会学习理论》，陈欣银、李伯黍译，辽宁人民出版社，1989，第 20～22 页。

断，使得休渔期互动中的话语权面临着重新分配的可能。新媒体技术自身内嵌着自由、平等、民主等价值取向，这让休渔期渔民无须依靠政治、经济力量便可发声，参与对于村（居）委会和基层政府的监督。有别于上级政府对基层的党政监督，渔民自下而上的约束呈现软性约束的特性，即没有明确的量化标准和约束措施，反馈的后果是否有效具有极大的不确定性，可能引发社会舆论的关注，也可能如“泥牛入海”，杳无音信。常规来看，随着时代的发展、媒体的普及，来自渔民的约束应该呈现不断增强的特点，但调研发现，休渔期实践中的情况并非全然如此，渔民的逆向软性约束不仅没有增强，反而在某种程度上不断被弱化，无法达到其既有的监督效果。正如渔民所言：“我们这种在家没有文化的人，不怎么提意见。”在渔民视域下的基层休渔期互动中，依然存在着自下而上的信息传递壁垒，这种壁垒的形成有着不同原因，既有客观条件的束缚，也有渔民主观意愿的减弱。在客观上，渔民受制于本身的受教育水平和现代信息技能的欠缺。加之日常生计所迫，使得他们更加无暇主动去影响基层政府。在渔民视域中，休渔期矛盾所导致的许多不满意见更多是依靠个体内在消化，渔民往往作为分散的个体被动地参与和承受着休渔期的各方互动。

## 三　结论和建议

### （一）结论

交互性、多元主体、强调主体间的交互影响的观点是本文的理论支撑与思路体现，即分析与解决休渔制度推进和落实中出现的问题，应当重视问题涉及的各个行为主体间的关系，如行政管理体系内部不同部门、行政管理体系中不同组织与渔民之间的联动关系，从较为微观的视角出发，分析基层政府、村（居）委会及渔民及其交互作用。诸如上述行政管理体系内部出现的横向部门间的权责不明、纵向基层权力束缚问题、基层政府与村（居）委会的实际上下级关系导致的群众本位意识缺失问题、村（居）委会对待渔民态度问题上的偏态强反馈等主体内部交互性和主体间的交互问题，都是解决休渔制度推进问题和休渔期渔民生计问题必须面对并加以分析的内容，要解决问题不能割裂上述主体中的任意一方。

在微观互动视角下，休渔期渔村治理困境不仅源自各主体所受的客观经济制约，也来自基层政府互动时执行的偏移。其根源在于现有渔村治理架构生态中蕴含的若干“矛盾性”因素，如个体利益与国家利益、风险与效能、政府指导与村民赋权。这些因素，在渔村治理实践中时而统合形成合力，时而分离演变为治理困境中的内在张力，灵活性的演变在基层治理中创造出了巨大的模糊空间。需要强调的是，这些渔村治理中存在的“矛盾性”因素，一方面，固然可能在具体事件中转化为互动的阻碍；另一方面，在基层治理实践的历史长河中，并不存在着可以一成不变、被奉若圭臬的最优互动模式，也正是因为上述“自反性”因素内在的矛盾运动，不断地打破平衡，破旧立新，适应新情况，才导致了基层治理的不断发展。从解决问题的视角出发，需要基层互动者正视，并利用好这些“矛盾性”因素，在此基础上，辅之以政策、制度的构建，而非一味回避，或是片面抵制。接下来，本文将从四个方面，探讨如何突破现有的渔村交互困境。

## （二）突破休渔期困境的建议

### 1. 基层政府厘清机构职责，不缺位、越位

针对在休渔期，硇洲镇镇政府面临的实践中执法机构的条块不清、权责不明等问题，应优化政府职能配置，厘清各部门机构的权责，并在政府层面做到权随责走。只有基层政府内部权责明确、分工明了，才能真正做到村（居）委会和渔民的良性互动，避免多头指导，避免因内部权责不明给渔民非法作业以可乘之机。做到更好指导村（居）委会工作，不缺位、越位管理休渔期渔民行为。与此同时，硇洲岛作为有着特殊地理环境和人文历史背景的海岛，亦有着自身的特殊性，上级政府应给予基层政府一定的自由裁量权，并给予其一定的积极主动作为制度空间，减少束缚。

### 2. 基层政府完善容错、绩效机制

在休渔期的多主体互动中，无论是认知与实践的倒挂还是村（居）委会的偏态强反馈现象均体现了一线干部在执行政策、与渔民互动过程中的“隐忧”。从解决问题的视角出发，基层执政者需要在深刻把握渔村互动“矛盾性”因素的基础上，结合一线工作人员的个体化思维弱点，与其对风险和责任的恐惧，推出合适的政策与机制。通过制度的设置，扶善消恶，进而克服渔村互动中存在的分离张力。政策的优化应首先从建立容错、绩

效机制开始，不仅仅要划出权力清单，更要细化容错机制。工作人员日常的细微失误在所难免，对于“犯错误”的过分恐惧极易导致一线工作人员的不作为与“向上依附”现象。明确容错机制意在识别工作人员对于风险的夸大，让决策与实施时的考量切实回归到治理的“有效性”上，而非“风险性”。绩效机制也应同步改进。通过绩效工资杠杆，一方面提高基层稀缺技术人才的收益，另一方面促使基层干部主观上更努力地为民服务、更加主动地想民之所想，切实提高治理能力。

**3. 加强各主体的责任意识**

在硇洲岛，无论是地方政府、村（居）委会，还是渔民个人都存在着强烈的依附思维，无法做到有效直面问题、积极互动，把个体的行为镶嵌入新制度规定下的发展趋势中，因此想要建构一个积极良性的渔村互动生态，必须要加强参与互动中个体的责任意识与权利意识。行为的偏差从根本上源于个体思维的滞后。在面对休渔期互动困境时，除了政策施力与技术赋能外，更重要的是对于互动中主体责任意识的建构，需要在政府引导下，加强基层宣传，加强不同治理主体与渔民群体的互动与沟通，进而打破原有一味向上负责、依赖上级资源的陈旧思维惯性和观念；回归村民自治本位、服务本位，基层党员干部需要把为民服务和对党负责有机统一，并作为一个整体来看待，而非将其片面割裂。

**4. 村（居）会与渔民的交互优化**

村（居）委会应强化对自身“基层群众自治组织”性质的认识，重温群众路线，为群众办事、为渔民着想，做到权随责走、费随事转。基层政府应积极回应村（居）委会反映的问题，给予村（居）委会一定的职权和经费支持，并完善监督机制，为村（居）委会为群众办实事、为渔民排忧解难创设制度条件并提供经济支持，助力其更好地做好承上启下的工作，产生良性互动。

对于渔民来说，应该加强渔民自组织的能力和信息沟通能力，提高渔民的互动意识和问题反馈、参政议政意识，培养其作为渔村主人翁的自我管理、自我教育、自我学习能力。多维互动下的渔村治理少不了渔民群体的积极参与配合。面对渔民群体“逆向软约束”不断减弱的趋势，可以利用科学技术与互联网平台，对渔民群体进行赋能，促使其参与基层渔村治理的互动，更好地解决休渔期治理困境。

# 海洋文化产业与旅游

中国海洋社会学研究
2021 年卷　总第 9 期
第 115 ~ 129 页


# 论海洋文化与旅游的融合发展

崔　凤　董兆鑫*

**摘　要：** 滨海旅游业已经成为海洋第三产业的支柱，但是滨海旅游业文化内涵缺失的现象严重，主要表现为滨海旅游过度商业化、海洋文化资源挖掘的深度不够、原真性缺失、没有体现海洋文化的人文价值。海洋文化的人文内涵源于海洋实践的嵌入性和海陆一体性，存在于特殊性与普遍性的辩证关系之中。海洋文化的价值体现为海陆文化的差异和融合，以及共享价值理念和象征意义。海洋文化与旅游融合发展是实现海洋文化价值的要求，是时代发展和人民生活的需求，是传承和保护海洋文化的重要手段，是经济文化协同发展的典范。要遵循海洋实践的规律，服务海洋文化；培养海洋社区的文化认同感，共享海洋文化；创新海洋文化旅游产品，丰富海洋文化。

**关键词：** 海洋文化　滨海旅游　文旅融合

党的十九大报告指出，要坚持陆海统筹，加快建设海洋强国。海洋强国建设是一项长期的、持久性的战略，需要在全民族建立起坚实的文化基础作为保障。[①] 在海洋强国的背景下，辽宁、天津、山东、浙江、福建、广东、广西等省（区、市）分别提出了海洋强省（区、市）的行动计划或方

---

* 崔凤，上海海洋大学海洋文化与法律学院教授、博士生导师，海洋文化研究中心主任；董兆鑫，中国海洋大学法学院博士研究生。

① 崔凤、陈默：《论海洋强国建设的文化基础》，《上海行政学院学报》2014 年第 4 期。

案，或者在五年规划中明确海洋强省（区、市）的目标。在这些计划、方案或目标中，海洋文化资源传承与保护和滨海旅游业发展是重要组成部分。尽管我国东部沿海的文化和旅游耦合协调度较高，具有天然优势①，但是多数滨海城市旅游发展的“质”与“量”的协调性较差②，距离高质量的旅游发展还有较大的提升空间。尤其是在旅游业发展中，海洋文化与旅游融合还存在理念不明确以及理念与实际脱钩的问题。为什么以及如何实现海洋文化与旅游融合发展，成为促进文旅融合的两个首要问题。前者是指当前海洋文化旅游发展中的实际问题，后者是寻找促进文旅融合路径的问题。

## 一 滨海旅游的人文内涵缺乏

近十年来，我国海洋经济总量保持高速增长，滨海旅游业逐渐成为海洋第三产业的支柱，为沿海经济社会发展注入了强大动力。自然资源部公布的 2009 ~ 2018 年的《中国海洋经济统计公报》显示，这十年的年均海洋生产总值为 57651.1 亿元，年均海洋生产总值占国内生产总值的比重为 9.52%。2018 年海洋生产总值达到 83415 亿元，相当于一个经济较发达省份的地区生产总值。从 2009 年到 2018 年，滨海旅游业全年增加值从 3725 亿元增长到了 16078 亿元，年均增长率约为 15.75%；滨海旅游业增加值占主要海洋产业增加值的比重从 28.70% 增长到了 47.80%，而且自 2010 年以后，滨海旅游业增加值稳居各类海洋主要产业增加值首位。从 2009 年到 2018 年，滨海旅游业总量占海洋生产总值的比重由 11.65% 上升到 19.27%。③

尽管滨海旅游业蓬勃发展，但其文化内涵缺失的现象也十分突出。这

---

① 吴丽、梁皓、虞华君、霍荣棉：《中国文化和旅游融合发展空间分异及驱动因素》，《经济地理》2021 年第 2 期。

② 李淑娟、王彤、高宁：《我国滨海城市旅游发展质量演化特征研究》，《经济与管理评论》2019 年第 3 期。

③ 数据来源于自然资源部公布的 2009 ~ 2018 年《中国海洋经济统计公报》。根据《2009 年中国海洋经济统计公报》，海洋生产总值是海洋经济生产总值的简称，是指按市场价格计算的沿海地区常住单位在一定时期内海洋经济生产活动的最终成果。海洋产业（海洋相关产业）增加值是指按市场价格计算的沿海地区常住单位在一定时期内海洋产业（海洋相关产业）生产活动的最终成果。海洋生产总值由海洋产业增加值和海洋相关产业增加值构成。其中，海洋产业增加值包括主要海洋产业增加值、海洋科研教育管理服务业增加值。

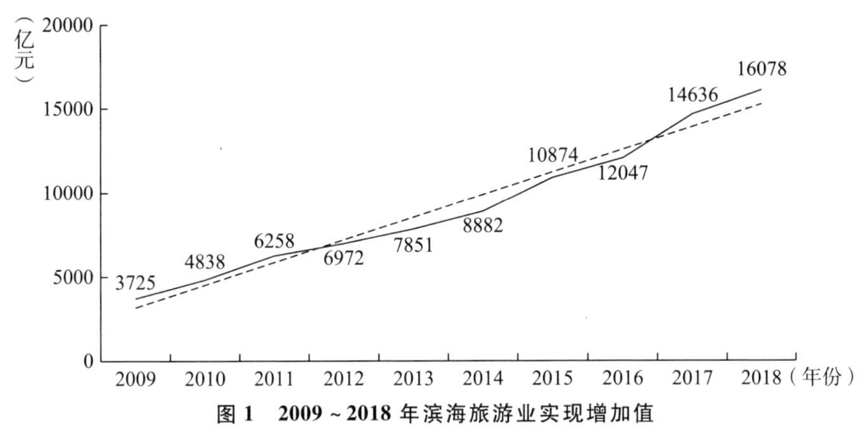


**图 1　2009～2018 年滨海旅游业实现增加值**

资料来源：2009～2018 年《中国海洋经济统计公报》。

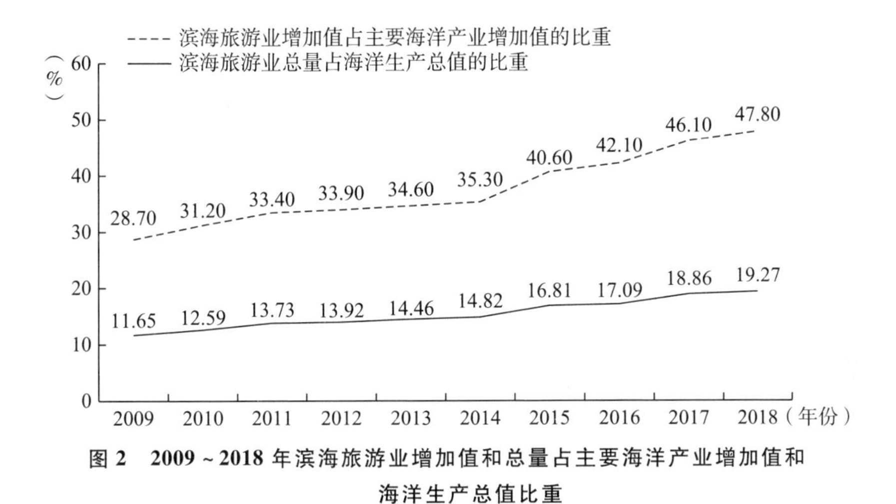


**图 2　2009～2018 年滨海旅游业增加值和总量占主要海洋产业增加值和海洋生产总值比重**

资料来源：2009～2018 年《中国海洋经济统计公报》。

种缺失主要表现为，首先，滨海旅游资源挖掘的深度不够，滨海旅游产品形态和结构单一，同质化严重。以广西为例，广西的海洋文化集中分布在北海、防城港、钦州三市。从地理位置上看，海洋文化资源分布位置紧密，尤其是疍家文化、京族文化具有独特魅力，例如外沙龙母庙会、京族哈节、跳岭头节等，它们大多由民间信仰祭祀仪式演变而来。但就从全国范围看，山东的田横祭海节、浙江海宁潮神祭祀等以民间信仰祭祀仪式为特色的海洋非物质文化遗产为数不少，并且都以节庆、祭祀或庙会的形式展现，已经形成同类竞争压力。其次，滨海旅游“商业化”严重，缺乏文化氛围。

早期的沿海开放城市具有较好的经济和基础设施优势，以及良好的市场条件，在一定程度上支持了滨海旅游业的发展，但都市的商业化与传统海洋文化之间也存在着相互矛盾。例如，上海的都市商业文化往往比海洋文化更加吸引人。在这种情况下，传统海洋文化往往缺乏生存空间。在追求现代化的滨海城市建设的过程中，人工沙滩、滨海栈道、水上娱乐项目成为滨海城市共有的标志，而彰显滨海城市独特魅力和个性的传统海洋文化标志则逐渐减少，可以说滨海城市出现了“千城一面”的现象。再次，沿海古城再造间接导致“原真性”流失。近年来，沿海和内陆城市将城市规划建设与旅游开发紧密结合起来，几乎掀起了一股古城镇复兴之风。不管是否留存有古城遗址，再造的古城大多是建筑设计公司的作品。古城镇复建往往只追求建筑形态上的“做旧”，但是城镇古韵的原真性却不复存在。最后，滨海旅游所带来的体验，除了休闲娱乐之外，没有能够让游客真正体验到海洋文化的人文价值。人类数千年来形成的海洋实践塑造的海洋文化往往更具冒险性、勇敢性、多样性、趣味性。当人海互动还处在初级阶段时，人类对自然海洋的规律无法形成科学认识，因此原始航海和捕鱼活动存在较高风险。当人类智慧和技术逐渐降低了自然风险发生的概率时，海洋实践活动就体现了海洋群体的勇敢性，从而具备了从生产活动变成极限挑战项目的潜力。但目前来看，滨海旅游所带来的体验，没有能够让游客真正感受到海洋文化多样性、冒险性、勇敢性等人文价值，而是把滨海旅游变成走马观花式的游览。缺少了海洋文化的感染力，反而不利于海洋文化传播、发展、传承、创新。

滨海旅游业文化内涵的缺失是由以下原因导致的。第一，人们对海洋文化的认知存在局限。“文化”的概念有成百上千个，海洋文化的概念也是如此，所以从海洋文化所涵盖的范畴来定义海洋文化，就会过于泛化。[①] 海洋文化的源头是人类实践。[②] 海洋实践就是指人类利用、开发和保护海洋的实践活动的总称。[③] 海洋文化是海洋实践的物质和精神产品。因为海洋实践

---

① 崔凤、宋宁而、陈涛、唐国建：《海洋社会学的建构——基本概念与体系框架》，社会科学文献出版社，2014，第 54 ~ 55 页。

② 陈涛：《海洋文化及其特征的识别与考辨》，《社会学评论》2013 年第 5 期。

③ 崔凤：《海洋实践视角下的海洋非物质文化遗产研究》，《中国海洋社会学研究》2017 年卷总第 5 期。

的概念强调了人类的能动性和海洋的对象性，所以基于海洋实践的海洋文化就不是“关于海洋的文化”，也不是模糊的“人海互动”的文化，而是反映海洋实践特性的文化。海洋文化通过海洋实践的过程和结果体验而显现出来。当前滨海旅游业的同质化等结构性问题，主要是由于盲目而粗暴的供给文化产品，割裂了海洋实践的过程和结果的关系，这会导致海洋文化资源的可替代性增强。文化产品包含在文化再生产的过程中，它具有象征性，即“它不仅指示某物，而且也由于它替代某物而表现某物”[①]。但是忽略或者人为改变文化产品的生产过程，单纯追求符号化，等于强化文化的替代性，弱化文化的延伸性。例如，在内地吃海鲜或者在内地体验“大海啸”等水上娱乐项目的行为可以替代海洋文化产品的“亲水性”符号意义。进一步来讲，所有的滨海城市都追求“海浪”“沙滩”的符号，它们之间就存在较强的替代关系，导致海洋文化产品的符号意义难以突出各地海洋文化特色。

第二，滨海旅游市场的盲目性。[②] 旅游业中出现的“过度商业化”问题由来已久。从本质上讲，商业化的现象本身是中性的，适度的旅游商业化和过度商业化是经济资本和文化资本在同一空间的不同组合形式。[③] 当文化资本向经济资本单向度的转化为一种定式的时候，过度商业化的现象就出现了。[④] 空间是生产的，是人类社会实践的产物。[⑤] 经济资本和文化资本的冲突体现了空间的社会实践性的辩证统一。但不可否认，空间生产的商品化已经成为一种趋势，市场原则主导了空间生产的过程[⑥]，所以造成了一些滨海旅游景区形同闹市的景象，破坏了文化生态和自然环境。不论是作为自然资源的海滩，还是作为文化资源的建筑遗迹、民俗风情，都具有一定的承载力。超过了资源的承载力，会造成不可逆的损失。这种承载力是一个旅游区能够承载的底线，更是旅游价值实现的基础。

第三，海洋文化的客观化。文化与旅游的融合要求，不能延续单一的

---

① 高宣扬：《布迪厄的社会理论》，同济大学出版社，2004，第 95 ~ 98 页。

② 保继刚、苏晓波：《历史城镇的旅游商业化研究》，《地理学报》2004 年第 3 期。

③ 徐红罡：《文化遗产旅游商业化的路径依赖理论模型》，《旅游科学》2005 年第 3 期。

④ 李倩、吴小根、汤澍：《古镇旅游开发及其商业化现象初探》，《旅游学刊》2006 年第 12 期。

⑤ 谢纳：《作为表征实践的文化空间生产》，《社会科学辑刊》2019 年第 4 期。

⑥ 庄友刚、解笑：《空间生产的市场化与当代城市发展批判》，《社会科学》2017 年第 8 期。

市场逻辑，为顾客提供现成的文化产品。游客逛庙会、吃海鲜、看海景、洗海澡、坐轮渡等消费海洋文化产品的行为并不同于海洋实践。由于直接供给文化产品难以突出海洋文化特色，一些旅游从业者开始打造一种文化的仪式感，即通过“表演”的形式将所谓的“文化”客观地展现出来。民俗和节庆仪式表演给游客带来了感官上的刺激，滨海古城确实营造了文化氛围，但是这种文化产品的供给方式难以满足游客不断寻求内涵日益丰富的“真实性”要求。如果仅考虑到旅游的客观真实性（objective authenticity）或者建构真实性（constructive authenticity），那么文化产品的供给思路要么像“博物馆”一样陈列真实的文化产品，要么把图像、期望、偏好、信仰、权力等符号投射到游客的游览对象上，但“表演”或“展示”相对于真实的实践来说都是呆板的、固定不变的。相比之下，真实的海洋实践具有现实的实践逻辑。实践的逻辑要求实践者保持其文化原真性，能够与游客在游览的过程中形成共鸣，强调游客的存在真实性（existential authenticity），即游览行为激活的潜在存在状态。[①] 海洋实践为游客参与提供了一个开放的空间，游客既不是完全投入实践，又不是完全被排除在实践之外，而是自由地处于二者之间。它不同于把游客生硬地拉进某个文化氛围中的所谓“参与体验”，而是在开放的实践中共享海洋文化，激发游客的共同感受和表达欲望。

第四，旅游业开发没有重视海洋文化本身的特色。近年来，休闲旅游产品日益多样，它们满足了旅游者情感、文化、娱乐体验等需求。例如，海洋旅游业大力发展垂钓、游艇、轮渡、海岛观光度假等休闲娱乐性项目。海洋文化体现在人们对赖以为生的海洋所具有的生存心态、采取的生存策略、形成的社会制度之中，既存在于人们日常生活的索引性表达，又具有外在的物质形态。长期以来，海洋实践塑造了沿海地区人们热爱祖国、团结互助、敢于挑战等精神品质，并通过民间信仰、民俗节日、体育运动、文艺文学作品等表现出来。但是当前的滨海旅游开发没有体现出海洋文化的内在感染力。除了外在的开发因素外，深层次的原因是海洋实践模式的变化导致一些海洋文化的生命力逐渐减退。文化的传递不能单纯通过固定

---

① Wang, N.,“Rethinking Authenticity in Tourism Experience.” *Annals of Tourism Research*, 1999, pp. 349 – 370.

仪式而存在，不能脱离实践和社会意义而存在。人的日常生活实践本身就是游客产生兴趣的重要因素。[①] 传统的海洋社会在滨海城市现代化的进程中发生变迁，海洋群体结构及其生产、生活方式都发生了重大变化，如“渔民转产、农民打鱼”的情况并不罕见。所以，当“转产转业”的渔民，再造曾经作为他们生存心态的一种仪式时，仪式的神秘性、严肃性已经成为集体记忆的不完全表达。对于文化旅游而言，这种无形的旅游资源的消失是不可逆的。

## 二 海洋文化的旅游价值

海洋文化的人文内涵是其具有旅游价值的前提。海洋文化的内涵源于海洋实践的嵌入性和海陆一体性。事实上，海洋文化的嵌入性与海陆一体性是难以分割的，但在分析上的区分有助于更好地理解海洋文化的内涵，并将它转化为优质的旅游资源。

### （一）海洋文化具有极强的人文内涵

海洋文化的特殊性来源于海洋实践的嵌入性，并融入人类社会的精神品质和审美信仰的文化基因之中，从而使它区别于不受海洋文化影响的文化。由于海洋不像陆地一样为人类提供了相对安全稳定的生活环境，人类的海洋实践总是伴随着高风险性和高科技性。[②] 因此渔民、海员、海商、海军等海洋群体内部持续形成了共同合作、利益共享的精神品质和高度的社会分工。文化通过作为载体的个人进入集体，成为社会的共识，具有了社会性。[③] 合作、共赢、勇敢、拼搏等精神品质作为海洋文化的内涵通过海洋实践生产出来，通过文化制度内化于人类记忆并一代又一代地传承下去，从而使得海洋社会群体能够形成与其他文化类型区别开来的特殊标志。内化于海洋文化的不仅包括精神品质，还包括审美信仰。我国东南沿海分布

---

① Konstantina Zerva, “Visiting authenticity on Los Angeles Gang Tours: Tourists backstage”, *Tourism Management*, 2015, pp. 514 - 527.

② 崔凤：《海洋实践视角下的海洋非物质文化遗产研究》，《中国海洋社会学研究》2017 年卷总第 5 期。

③ 费孝通：《对文化的历史性和社会性的思考》，《思想战线》2004 年第 2 期。

有大量的贝丘遗址，它们是反映早期人类经济、文化、政治活动的重要参考。“一些内陆的居民，在当地也可以提供贝类资源的情况下，依旧选择使用海贝作为装饰；日本、欧洲和北美早期社会的部分族群，对待海贝和河贝的态度完全不同。”[①] 这说明不同地域的人类对海贝稀缺性的认识已经逐渐转变。嵌入人类社会的海洋实践使人们产生了对海洋的信仰、习俗、审美、偏好，从而形成了与大陆文化不同的内涵。在新几内亚、马绍尔群岛的部分岛屿，当地居民的生活用品大都是由贝壳制作的，如贝刀、贝锅、贝钩、贝币等，而且贝制饰品是庄重的宗教仪式的必备品。当地的父母从孩子两三岁时便教他们在海水中游泳，防止他们在海中溺水。[②] 这些生活习惯和文化制度与陆地居民的文化差异很大，甚至形成了狭义上的海洋文化和大陆文化的分流。

海洋文化的普遍性来源于海洋实践的海陆一体性。伴随着海洋实践范围的扩展，海洋文化具有了区域的普遍性。从早期的海洋实践来看，洋流为生物繁殖和人类生存提供了资源，而人类借助渔猎活动发现了洋流和航线，从海岸解放出来，走向海洋深处。海洋实践的特性决定了人们不能像农耕文明一样守着土地过日子，但他们必须同陆地生活的居民进行必要的生活品的交换，这也注定了海洋文化和陆地文化之间不是相互独立的，而是包容互惠的。例如，生活在海边的南岛语族的先民形成了以环南中国海为核心的“亚洲地中海文化圈”，并在随后的数千年里一部分留在华南，或与南迁的汉人和华夏文化融合，一部分迁出华南，向东扩散到中国台湾、菲律宾、印度尼西亚东部直到大洋洲，或向西沿中南半岛、东南亚半岛南下。[③] 南岛语族的船型岩画的变化反映了他们在迁徙的过程中，与不同地域文化不断交流融合。[④] 在人们沿海流动、迁徙的过程中，一种开放包容的品质和特征便孕育于海洋文化之中。正是海洋文化的包容性使之在传播的过程中更具生命力，它能够在生产活动中创造出超越国家、地域、民族的文

---

① 赵荦：《国外贝丘遗址研究略论》，《东南文化》2016 年第 4 期，第 112 ~ 121 页。

② 曲金良：《海洋文化与社会》，中国海洋大学出版社，2003，第 173 页。

③ 范志泉、邓晓华、王传超：《语言与基因：论南岛语族的起源与扩散》，《学术月刊》2018 年第 10 期。

④ 黄亚琪：《太平洋上的航海者——南岛语族岩画中的“船”形研究》，《东南文化》2016 年第 6 期。

化纽带和共同精神寄托。例如，“自宋朝妈祖信仰诞生以来，其辐射地域北至东北辽河流域，南至海南南沙群岛，东部遍布沿海各地，西至四川、云南的广大地区”[①]，在马来西亚[②]、菲律宾[③]等东南亚国家亦产生了重要影响。海洋文化源于海陆一体化实践，并产生了世界性的影响。众所周知，大航海时代人们通过海洋实践逐渐把整个世界联系起来，构成了国际法、海洋法和国际秩序理论的现实基础。为了打击葡萄牙对东印度洋群岛航线和贸易的垄断，格劳秀斯提出了“海洋自由”论，威尔伍德、弗莱塔、塞尔登则对该理论进行了批判，并共同构成了近现代海洋法中的重要原则。[④]在“海洋自由”理论和军事力量的支持下，新兴海洋性资产阶级将资本主义生产方式扩张到全球，改变了世界的命运。[⑤] 海洋实践塑造了人类的精神品质，并在广泛的海陆文化交流中，形成了跨越地域的价值理念和共识，体现了海洋文化共通的人文内涵。

### （二）海洋文化资源的旅游价值

海洋文化的旅游价值主要体现为海陆文化的差异和融合。按照文化内容分类，海洋文化包括海岛、海防、航海、海洋渔业、海洋祭祀、海洋体育文化等多种类型。[⑥] 不同类型的海洋文化资源的独特性与海陆实践的差异和融合有关。因为海洋将大陆和岛屿区隔开来，海岛国家或滨海地区受到的大陆文化的影响较弱，尤其是对于太平洋上的海岛国家而言，除了最早的定居者进入广阔的无人居住地区时带来的原始文化之外，没有任何非海洋的影响，因此长期的隔离使得独特的海洋文化得以出现。[⑦] 沿海地区处于海洋与陆地的交会处，海陆文化在此融合并形成具有海洋特色的文化类型。

---

① 郑衡泌、俞黎媛：《妈祖信仰分布的地理特征分析》，《福建师范大学学报》（哲学社会科学版）2007 年第 2 期。

② 王光海、高虹：《妈祖信仰与马来西亚华人社会——文化认同的视角》，《河南师范大学学报》（哲学社会科学版）2008 年第 4 期。

③ 李天锡：《试析菲律宾华侨华人的妈祖信仰》，《宗教学研究》2010 年第 1 期。

④ 白佳玉：《论海洋自由理论的来源与挑战》，《东岳论丛》2017 年第 9 期。

⑤ 刘天骄：《大西洋立法者之争——从〈航海法案〉看英第一帝国秩序的变迁》，《开放时代》2016 年第 6 期。

⑥ 崔凤、宋宁而、陈涛、唐国建：《海洋社会学的建构——基本概念与体系框架》，社会科学文献出版社，2014，第 58 ~ 63 页。

⑦ Hau'Ofa, E.,“The Ocean in US.”, *Contemporary Pacific*, 1998, pp. 392 - 410.

例如，我国从明代以来，一直面临着日本、荷兰、英国等海洋国家的袭扰、侵犯，因而促使我国沿海地区形成了与疆防传统差异巨大的海防文化。再如，明清以来，沿海居民不断移居海外，将原有的宗教和文化传统带到异域，以庙宇、祠堂等为标志，形成了独特的华人海商社会网络，反映了民间海洋文化传统。[①] 结合海战、海洋贸易等实践活动的特点，人们创造性地融合了“陆地”实践的思维，形成了用海、靠海、防海的文化体系，体现了海洋文化的特色。对于游客而言，融合了海陆实践的文化具有一定的时间和空间跨度。这种时空压缩的文化样态使游客观景如读史，随着时间跨度和古今对比度增大，旅游价值也变大了。[②] 各种类型的海洋文化的价值就体现在它区别于纯粹的大陆文化的个性，以及海洋与陆地实践相融合产生的文化创新性。

人类在海洋实践中形成的共通的认知、审美、理念，使得海洋文化本身的象征意义具有旅游价值。虽然作为一种符号，海洋文化联结着其本体与意象，但人们敬畏、热爱、保护海洋的观念并不是自然天生的，而是伴随实践而改变的，因此不能把人们对海洋的审美变化归因于大海的自然属性。在中世纪及以前，海洋和滨海并不被认为是适合生活的地方。18 世纪中期，欧洲人开始迷恋大海和海滨原生态风光。18 世纪 50 年代，相对于陆地被城市化改造，海洋依然保持着令人敬畏的原生态，滨海城市成为人们心目中疗养的天然度假胜地。[③] 现在人们仍然习惯于把海洋的物理属性与经济价值直接联系起来。例如，有学者对墨西哥韦拉克鲁斯三个旅游区的酒店规模等特征进行了分析，除了酒店的大小和非生态系统设施的数量外，房费增加的 8% 和 57% 取决于海景和海滩的可达性。[④] 从海洋的自然属性到经济价值实现，必须经过对海洋的认知和审美的加工。人们对海洋物理属性的特殊情感伴随着海洋实践转化到了海洋文化的象征意义之上，这使得海洋文化也具有了吸引力。例如，有关南极的旅游价值研究表明，南极因

---

① 陈国灿、王涛：《依海兴族：东南沿海传统海商家谱与海洋文化》，《学术月刊》2016 年第 1 期。

② 张璟：《文化视野中的水系旅游资源整合初论》，《生态经济》2007 年第 3 期。

③ 约翰·迈克：《海洋——一部文化史》，冯延群、陈淑英译，上海译文出版社，2018，第 117 ~ 119 页。

④ Mendoza-González Gabriela, et al., “Towards a Sustainable Sun, Sea, and Sand Tourism: The Value of Ocean View and Proximity to the Coast”, *Sustainability*, 2018, p. 1012.

远离人类生活的文明社会而成为旅游“圣境”，因此从南极被带回的纪念品，作为“符号”与南极的神秘性联系起来，具有了观赏价值。此外，由于过度的人类活动，南极环境保护的道德价值也逐渐体现出来。[①] 综上所述，海洋实践塑造的海洋文化价值具有了双重性，一方面，海洋实践的变化使得人们对海洋的认知和情感本身成为旅游价值的基础；另一方面，海洋实践使得海洋文化符号的象征意义得以延伸。

## 三 促进海洋文化与旅游融合发展的政策建议

当前海洋文化与旅游融合发展应该从满足人们对文化旅游的多样化需求、处理好文旅融合的问题、充分利用各类海洋文化资源的特色和资源整合等方面着手，充分认识海洋实践对海洋文化与旅游相融合的重要性，寻找适合的文旅融合的路径。

### （一）促进海洋文化与旅游融合发展的必要性和重要性

海洋文化与旅游融合发展的必要性体现在以下三方面。第一，文旅融合是海洋文化资源价值实现的内在要求。海洋文化是包容的、开放的。文旅融合能够促进作为主文化的海洋文化与外来的客文化相互借鉴，激发海洋文化的生命力与活力，增强文化的吸引力和经济价值转化的能力。第二，文旅融合是时代发展的需要。旅游产业往往最早尝试和应用现代科技，引导了科技的应用、推广及其发展潮流。[②] 通过现代科技，海洋科学及其应用能够更好地向社会大众呈现，提高公众的海洋意识，强化海洋强国建设的社会基础。第三，文旅融合是满足人民对美好生活愿景的要求。党的十九大以来，中国特色社会主义进入了新时代，市场基础和人们的消费行为发生了深刻的变化，要求国家文化建设和旅游发展战略转向以人民为中心，满足人民对美好生活的需要。[③] 滨海旅游发展正在经历“从对自然景观的审

---

① Picard, D.,“White Magic: An Anthropological Perspective on Value in Antarctic Tourism”, *Tourist Studies*, 2015, pp. 300 - 315.

② 李柏文：《新时代旅游产业体系的特征与建设》，《旅游学刊》2018年第10期。

③ 戴斌：《文旅融合时代：大数据、商业化与美好生活》，《人民论坛·学术前沿》2019年第11期。

美到对异文化的追寻，从逃离生存状态到回归日常生活的文化体验，从存在意义的反思到诗意栖居”[①] 的阶段性转变，游客不再满足于海洋环境带来的直接感官刺激，而逐渐转向海洋文化的生活世界，探寻人类想象、情感和存在感的多样性。

海洋文化与旅游融合发展是经济、文化优势互补、互利共赢的过程，对文化产业和旅游产业发展具有重要意义，有利于新兴业态的构建和中华优秀文化的传承与发扬。[②] 一方面，文旅融合是传承和保护海洋文化的重要途径。不可否认，文化产业和文化保护之间的关系是紧张的，产业带来的巨大经济力量会导致文化的异化。[③] 但是反过来讲，妈祖信仰等海洋非物质文化遗产的产生和发展本来就是依托工商业、渔业等行业而存在的，这些非物质文化遗产的保护不应该是人为塑造一个能让文化适应的空间，而是回归文化遗产诞生的土壤，寻找在时代背景中焕发新生的方式。另一方面，文旅融合是滨海旅游业健康、可持续发展的重要途径。随着旅游行业竞争加剧，非物质文化资源的挖掘成为拓展旅游发展空间的关键所在。[④] 自然资源可变形式相对于文化资源是有限的，当人们日益追逐新奇感、刺激感、神秘感、生活感的旅游体验时，恰恰只有文化资源才能够满足人们更加多样的需求。因为海洋文化兼具海陆元素，它以浓郁的海洋元素带给游客以新奇感的同时，又以陆地元素带给游客以亲切感，这使人们感受到了海洋文化与其原有的文化背景的共同性，增加了海洋文化的魅力。

文旅融合发展已经成为经济、文化、社会建设相互促进的典范。以往在经济与社会发展、经济与生态环境保护等诸多领域，存在相互矛盾。文旅融合发展体现了从对立和矛盾向协同发展的深刻转变。2009 年，文化部、国家旅游局下发的《关于促进文化与旅游结合发展的指导意见》已经指出：“文化是旅游的灵魂，旅游是文化的重要载体。”[⑤] 2019 年以来，“宜融则融、能融尽融”“以文塑旅、以旅彰文”已经成为文旅融合的思路。文化旅

---

① 李炎：《现代性驱动：文化与旅游融合的根本逻辑》，《人民论坛 · 学术前沿》2019 第 11 期。

② 黄永林：《文旅融合发展的文化阐释与旅游实践》，《人民论坛 · 学术前沿》2019 第 11 期。

③ 翁乃群：《人文旅游与文化保护》，《旅游学刊》2012 年第 11 期。

④ 陈天培：《非物质文化遗产是重要的区域旅游资源》，《经济经纬》2006 年第 2 期。

⑤ 《关于促进文化与旅游结合发展的指导意见》，http://www.gov.cn/zwgk/2009-09/15/content_1418269.htm，最后访问日期：2021 年 3 月 30 日。

游发挥了助力精准脱贫、提供公共服务、加强文物保护和生态环境保护等作用。文旅融合从内容到制度逐渐深入，促进了文化旅游业态的发展，成为处理好中国特色社会主义建设不同范畴之间的关系的典范。

## （二）关于促进海洋文化与旅游融合发展的政策建议

首先，要遵循海洋实践的规律，服务海洋文化。海洋文化是人类从历史到现在连续不断的海洋实践的产物。实践内在于持续的时间，并在时间中展开，具有不可逆转性。[①] 海洋文化是由从历史的某个时间点开始延伸的海洋实践形成的文化结果。因此需要正确认识海洋文化具有的历史性。一方面，久远的海洋实践塑造的海洋文化内涵仍然是旅游价值的核心内容。例如，在博物馆展出的文物中真品与复制品混杂，但这对人们参观的兴趣没有太多影响，并不代表原真性没有意义。我们看到的陈列品作为一种文化符号，它的意义是由实践赋予的，是在时空中抽象的，是通过传播才能实现的。所以应该将符号意义与实践联系起来，在实践中体验、内化、再生产符号意义，同时通过符号反映实践的过程，构建以意义和精神满足感为核心的符号竞争力。简言之，应该把符号和实践过程统一起来。另一方面，在海洋实践的历史中，参与主体是根据现实需求不断变化的。当前一些海洋民俗节庆中“还俗于民”“还节于民”的理念和实践存在不合规律性。[②] 民俗节庆的参与主体问题不应该是争论谁退出、谁进入的问题。因为从历史上看，海洋实践始终是保持着高度的开放性，始终是由各方共同参与的意义体系。所以当前的重要问题是在市场化的冲击下，如何重塑一个当代非经济性的意义体系。对于政府而言，不应该持有“扶持”“帮扶”“管控”的理念，而应该将社会治理和社会主义核心价值观建设融入建构新的意义体系之中，推动主体的共同参与，加强对公众的引导，重新发现海洋民俗节庆的当代意义。

其次，要培养海洋社区的文化认同感，共享海洋文化。国内外旅游业都已经注意到了社区的重要性。从社区的角度来讲，游客到来和旅游业的开发可以被认为是一种对旅游地的外文化侵入，这种文化异质性使得社区

---

① 皮埃尔·布迪厄：《实践感》，蒋梓骅译，译林出版社，2003，第126页。

② 崔凤、于家宁：《还节于民与还俗于民：对田横祭海仪式节庆化的思考》，《哈尔滨工业大学学报》（社会科学版）2021年第2期。

总体上比同质社区更强大、更健康。[①] 一些特色小镇的建设考虑到区域功能的复合性，既引入新的产业和文化，又注重挖掘本土历史文化特征，以强化其独特性。[②] 从这一思路出发，需要把旅游地作为一个文化交流之地。旅游业的可持续发展要形成一种基于但不仅限于本土海洋文化的共享文化，即游客与旅游从业者在特定区域内共享海洋文化。文化共享要求旅游从业者具有当地“主人翁”的身份。他们与游客在互动的过程中能够传播海洋文化。同时，在文化共享之中，主人和客人的自反性、自我意识、创造力使得主客之间形成持续良好的关系。[③] 因此需要改变当前“单一方向”的文化灌输理念，形象地说，旅游从业者和游客共享海洋文化的舞台，二者的关系由“表演者”与“观众”转变为“主角”与“配角”。共同的表演场景消除了原有的主客关系的隔阂，文化客观化的问题也就得到了解决。更重要的是，共同表演有利于不同文化相互借鉴，增强海洋文化的包容性和生命力。因此，海洋社区的旅游从业者要培育文化认同，增强海洋文化自信，加强旅游从业者的主文化与旅游者的客文化的相互交流，更加关注游客的情感、愿望、需求，开发开放式的旅游体验项目。

最后，要创新海洋文化旅游产品，丰富海洋文化。旅游文化产品的创新不得不提故宫的文化创意。其文化产品融入传统文化和流行元素，获得了极大的成功。海洋文化与旅游相融合最直观的表现是文化旅游产品受到游客的认可。海洋文化旅游创意产品需要反向求诸海洋实践。文化产品的生产需要把独特的海洋实践与已有的符号象征意义紧密地联系起来，延伸其所指。同时，通过社会网络，将海洋文化的意义体系与流行文化符号融合起来，使个人既能够从文化产品中获得海洋文化的符号象征性的价值意义，又能够满足游客的时尚需求。例如，深入挖掘散见于滨海地区的民间信仰和神话故事之间的联系，能够形成地方性的海洋文化意义体系。提炼故事和人物形象的符号意义能够创新文化旅游产品。文化产品融合流行元

---

① Kostyantyn Mezentsev, et al., “An Island of Civilization in a Sea of Delay? Indifference and Fragmentation along the Rugged Shorelines of Kiev’s Newbuild Archipelago”, *Journal of Urban Affairs*, 2019, pp. 654 – 678.

② 周晓虹：《产业转型与文化再造：特色小镇的创建路径》，《南京社会科学》2017 年第 4 期。

③ Canavan, B., “Tourism Culture: Nexus, Characteristics, Context and Sustainability”, *Tourism Management*, 2016, pp. 229 – 243.

素能够展现时尚元素。例如，《哪吒之魔童降世》引起轰动，其原因之一就是电影对传统的海洋神话的创新性解读与现代社会人类的情感结构形成了共鸣。[①] 概括来说，创新海洋文化旅游产品既需要充分挖掘地方特有的海洋文化，形成海洋文化意义体系，又需要在此基础上进行包含时代意义的创新，只有这样才能实现海洋文化旅游产品经济和文化价值的相互交融，形成海洋文化旅游可持续发展的动力。

---

① 邵瑜莲、厉群:《神话创新与现代社会情感共同结构——〈哪吒之魔童降世〉燃爆市场的成因探析》,《上海文化》2020年第12期。

中国海洋社会学研究
2021年卷　总第9期
第130～138页


# 试论上海文化的开放性

## ——基于海洋文化的视角

陈　晔[*]

**摘　要：**谈论上海文化时，“开放性”被使用的频率甚多。从近代上海人率先使用洋货，尔后将对外国人的称谓由“夷人”改为“洋人”，再到当代大量“新上海人”的形成，无不充分体现出上海文化的开放性。上海“因海而生，因海而兴”，上海文化又称“海派文化”，上海文化的开放性与海洋文化密切相关。海洋促进了人与人的合作，推进了商业的发展，增加了外来移民的数量，造就了上海文化开放性的广度与深度。

**关键词：**上海文化　开放性　海洋文化

## 一　引言

六千年前，上海地区成陆。唐天宝十年（751年），上海地区隶属于华亭县（今松江区）。南宋咸淳三年（1267年），上海浦（今外滩至十六铺附近的黄浦江）西岸设置市镇，名为上海镇。至元二十九年（1292年），元朝中央政府把上海镇从华亭县划出，批准设立上海县，标志着上海建城之始。第一次鸦片战争后，依照《南京条约》，1843年上海被开辟为中国五个对外通商口岸

---

* 陈晔，上海海洋大学经济管理学院、海洋文化研究中心副教授、博士，研究方向为海洋经济及文化。

之一，英国、美国和法国陆续在上海设立居留地。由于靠海优越的地理位置和特殊的历史机缘，仅几十年，上海迅速成为远东最繁华的经济金融、商业贸易、文化和航运中心，被誉为“东方巴黎”。上海的城市精神是海纳百川、追求卓越、开明睿智、大气谦和。上海城市的品格是开放、创新、包容。[①]

在谈论上海文化时，“开放性”是人们使用频率最多的一个词。蒯大申指出，上海文化之所以被称为“海派文化”，就是因为其海纳百川，善于将各种文化熔铸于本土文化之中，从而形成兼容并蓄的文化精神。[②] 在列举当代上海城市精神的特点时，熊月之将“海纳百川”列在第一位。[③] 上海财经大学关于城市精神研究的课题组，将上海城市精神概括为：引领时代、海纳百川、崇尚科学、关爱人文。[④] 缪君奇认为上海城市拥有独特的开放性，具有兼容并蓄、海纳百川的雅量。[⑤] 以往的研究认为江南人的性格特征、上海城市的移民性、多元性与边缘性及商业性造就了上海文化的开放性。[⑥]

## 二　上海文化的开放性

最先表现出上海文化的开放性的，是近代上海人对洋货的态度。光绪

---

① 《上海年鉴（2020）》，http://www.shtong.gov.cn/dfz_web/DFZ/ZhangInfo?idnode=262772&tableName=userobject1a&id=-1，最后访问日期：2021年4月16日。

② 蒯大申：《上海文化传统——海纳百川》，《上海人大月刊》2009年第10期。

③ 熊月之：《上海城市精神述论》，《史林》2003年第5期。

④ 上海财经大学课题组：《新世纪上海城市精神建设初探》，《人民日报》2003年5月23日，第9版。

⑤ 缪君奇：《鲁迅与上海文化互动关系刍议》，《鲁迅研究月刊》2008年第7期。

⑥ 参见熊月之《1842年至1860年西学在中国的传播》，《历史研究》1994年第4期；曹伟明：《从崧泽文化到文化上海建设——以上海青浦为例》，《探索与争鸣》2007年第9期；李伯重：《东晋南朝江东的文化融合》，《历史研究》2005年第6期。以上研究认为上海文化具有开发性，和江南人性格特征有关。熊月之：《晚清上海与中西文化交流》，《档案与史学》2000年1期；虞洪捷：《“海派”文化影响下的上海话词汇特色》，《文教资料》2008年第18期；哈宝信、叶嘉松：《多元文化与上海的都市化》，《学术月刊》1994年第2期；华霄颖：《市民文化与都市想像——王安忆上海书写研究》，华东师范大学博士学位论文，2007；姜义华：《上海：近代中国新文化中心地位的形成及其变迁——兼论边缘文化的积聚及其效应》，载苏智良主编《上海：近代新文明的形态》，上海辞书出版社，2004，第1～17页。以上研究认为上海文化的开放性同上海城市的移民性、多元性和边缘性有关。朱英：《论近代上海商人文化的特征》，《社会科学研究》1998年第5期；杨剑龙：《论上海文化与二十世纪中国文学》，《文学评论》2006年第6期；沈晹：《二三十年代中国电影与上海文化语境》，中国艺术研究院硕士学位论文，2002。以上研究谈及上海文化中的开放性与开埠后外国殖民以及带来的商业性有关。

《松江府续志》（卷 5“风俗”）记载：

> 番舶所聚，洋货充斥，民易炫惑。洋货率始贵而后贱，市商易于财利，喜为贩运，大而服食器用，小而戏耍玩物，渐推渐广，莫之能遏。

伴随着对外来物质文明的接纳的，是对西方精神文明的开放。1870 年《上海新报》[①] 刊登评论《中外两人免称夷》，希望国人在称呼外国人时不要再使用贬义的“夷人”，而改称“洋人”：

> 凡我中外商民，宜放开眼界，推广胸襟，扩充度量，视天下如一家，乃于通商一道，有大益也。夫中外人常有不相睦者何哉？其弊在疑。中外国家彼此相疑，官员彼此相疑，商民彼此相疑，一国疑心牢不可破，无怪造谣生事者，得以旧其奸也。……华人前云：“四海之内皆兄弟”，今当改云“四海之外皆兄弟”矣。何幸如之，况当年中外人彼此相疑，尚未谋面，无所损亦无所益，今能去其疑心，我西人携眷入华，生子，子复生孙，在中国根深叶茂。华人视之如华人可也，华人出洋，携眷住居各国，亦可生子，子复生孙，根深叶茂，西人视之如西人可也。还难相扶持，无殊骨肉至亲，岂不更美哉！[②]

上海丰富多彩的社会生活，正是其文化开放性的集中体现。1934 年《新中华》杂志向上海滩“各路英雄”发出“幻想上海的将来”的邀请，众多文人纷纷响应撰文投稿。之后，该杂志把 79 篇征文结集成册出版，其中第 66 篇的作者曾觉之写到上海文化的包容性时如是说：

---

① 《上海新报》于 1861 年 11 月由字林洋行出资，初为周报，1862 年 5 月改为每周 3 次，1872 年 7 月改为日刊，是上海出现的第一份商业中文报纸，其发刊词为：“大凡商贾贸易，贵乎信息流通，本馆印此新报，所有一切国政军情，世俗利弊，生意价值，船货往来，无所不载。”在 1872 年 4 月 30 日《申报》创刊之前，它是上海唯一一个中文报纸。虽然一直由传教士担任主笔（第一任华美德、第二任傅兰雅、第三任林乐知），但是作为中文商业报纸的《上海新报》，其内容反映了上海华人的心声。

② 《中外两人免称夷》，《上海新报》1870 年 3 月 26 日。

上海的特点是混乱，乱七八糟的将国内外的一切集合在一起，而上海的力量便是这种容受力，这种消化力。人们诅咒上海由于此，但我们赞美上海亦由于此。现在的中国正在普遍的上海化中，不单政治经济，而且社会风俗，内地有那几处地方没有上海的气味？这是事实。这是不幸吗？也许是。但我们以为且耐心的等一等；上海正在进行其工作，一切正纷纷的投到上海去，上海正赶铸其货币。有一天，这洪炉内的东西结晶了，光华灿烂，惊心动目，恐怕人们都歌颂不及，谓为真正的国宝呢。

……

人常讥上海是四不象，不中不西，亦中亦西，无所可而又无所不可的怪物；这正是将来文明的特征。将来文明要混合一切而成，在其混合的过程中，当然表现无可名言的离奇现象。但一经陶炼，至成熟纯净之候，人们要惊叹其无边彩耀了。我们只要等一等看，便晓得上海的将来为怎样。①

时至今日，开放性仍然是上海最重要的文化特点之一。当代上海艺术气氛不及北京，艺术家的人数、画廊的数量，甚至艺术品的拍卖交易额等都不及北京，但由于上海文化中开放性的特征，艺术博览会国际当代艺术展落户上海。②

改革开放以来，尤其是浦东开发开放以来，上海正在经历新一轮的发展期。大批外地人和海外人士纷纷涌入上海，落户上海，其中不少成为“新上海人”。上海正以博大的胸怀、开放的心态，迎接他们的到来，在此过程中，上海文化中的开放性进一步增强。

## 三　海洋文化对上海文化开放性的影响

上海“因海而生，因海而兴”③，与海洋有着不解之缘。据《利玛窦中

---

① 新中华杂志社编辑《上海的将来》，中华书局，1934，第78～79页。

② 宋铁：《艺博会更看重城市的开放性：专访上海艺术博览会国际当代艺术展合作者周铁海先生》，《艺术与投资》2007年第9期。

③ 宁波：《浅议上海海洋文化社会的变迁与启示》，《上海海洋大学学报》2012年第3期，第469～474页。

国札记》记载，“上海”这个名称就是因其位置靠海而得[1]。与“上海”有关的别称有“海上”“上洋”，都源于上海最早的县志明代弘治《上海志》，其对“上海”的解释为：“上海县，称上洋、海上……其名上海者，地居海之上洋故也。”[2] 德国著名哲学家黑格尔曾经说过：接受海洋原则所引领的文化是一种自由开放的文化，因此当它们面对异质性的文化时，不会因其与原来习于接受之生活形态不同，而否定异质文化；相反地，海洋文化的特色是包容并蓄，将异质文化整合为自身的一个环节。刘泽雨认为，上海城市精神的底蕴是海洋精神，包括海纳百川的宽广胸襟、力争创新的进取活力、敢冒风险的意志品质、同舟共济的团队理念和遵纪守法的规则意识。[3] 海洋文化从多方面造就了上海文化的开放性。

**1. 海洋促进人与人的合作**

美国著名计算机学家、海军少将格蕾丝·赫柏（Grace Hopper）有一句名言：船在港口是安全的，但是这并不是人们制造它的目的（A ship in port is safe，but that's not what ships are built for）。大海变化莫测，每一次出海活动都充满风险，只有团结一心、相互合作、众志成城，才能在与海洋的搏斗过程中取得胜利。社会心理学的研究发现，合作的过程最能有效减少不同群体之间的偏见，增强整体的开放性。1954 年，戈登·奥尔波特（Gordon Allport）提出了有关消除偏见的接触理论（contact theory），该理论的核心就是合作依赖（cooperative interdependent）。合作依赖包含四层内容：第一，相互沟通并分享结果，成员间依赖各自的努力，而不是竞争，一起努力实现共同的目标；第二，相互接触时双方有着相同的地位；第三，必须有足够的频率、时期、接近让参与者发展友谊；第四，需要存在对接触的机构性支持。[4] 出海航行完全符合合作依赖的四项要求，在不断相互合作与频繁交流中，彼此的偏见逐渐减少，新形成的群体也更加开放。

---

① 利玛窦、金尼阁：《利玛窦中国札记》（下册），何高济、王遵仲、李申译，中华书局，1983，第 598 页。

② 熊月之主编《上海通史》（第 1 卷），上海人民出版社，1999，第 2 页。

③ 刘泽雨：《海洋精神：上海应有的一抹亮色》，《社会科学报》2003 年 5 月 15 日。

④ Shelley E. Taylor，Letitia Anne Peplau，and David O. *Sears*：*Social Psychology*（11*th ed*）. Upper Saddle River，N. J.，Prentice Hal，2003。

**2. 海洋推进商业的发展**

在中国古代社会，“城”与“市”是分开的，“城”有“城墙”之意，具有防御功能，用于抵御大自然或者外来入侵者的扰乱侵害。夏朝时即有“筑城以卫君，造郭以守民”“内为之城，城外为之郭”的说法。“市”则是指商品交易的场所。《周易·系辞》中说：“日中为市，致天下之民，聚天下之货，交易而退，各得其所。”[①] 从上海市的称谓中，就可以看出上海是一座商业的都市，而商业在上海的迅速发展正是得益于海洋。

和开放性相对的是封闭性，封闭性最大的表现之一就是歧视。歧视是市场给予除人种、种族、性别、年龄和其他个人特质不同外其他方面完全相同的人以不同的机会。以最为明显的用工歧视为例，在自由竞争的市场，利润驱动是抵制歧视的最好武器。假设某经济体中有两类工人，除头发颜色不同外，其他方面完全一样，有着相同的技能等。一类是黑头发，一类是黄头发，假设用工方出于歧视，不愿意雇用黄头发的工人，于是黄头发工人的需求就小于黑头发工人。黄头发工人的工资就低于黑头发工人的工资。但是这种不平等的工资状况不可能长久存在。因为在该市场中，雇用黄头发工人是击败对手的最好方法。通过雇用黄头发工人，企业可以节省工资支出，降低成本。久而久之，越来越多雇用黄头发工人的企业，会利用成本优势进入市场。于是那些雇用黑头发工人成本较高的企业，由于市场激烈竞争而亏本。一些雇用黑头发工人的企业开始破产。最后，雇用黄头发工人的企业不断进入市场，而雇用黑色头发工人的企业被迫退出市场，造成黄头发工人的需求增加，而黑头发工人的需求减少。黑头发工人的工资下降，黄头发工人的工资开始上升，这个过程不断持续下去，直到工资的差别趋向消失。也就是说，只关心利润最大化的企业比那些还顾及歧视的企业更加有利。久而久之，那些没有歧视的企业会逐渐取代那些有歧视的企业。[②] 马克思在《资本论》的“交换价值”一章中强调，“商品是天生的平等派，它要求买者与卖者之间必须遵守交换的等价法则”[③]。在商业化

---

① 刘勇：《北京历史文化十五讲》，北京大学出版社，2009，第22页。

② Mankiw，N.，*Gregory*：*Principles of Economics*（*3rd ed.*），Thomson/South-Western，2004，p. 422。

③ 马克思：《资本论》（第1卷），人民出版社，2004，第104页。

面前，歧视不可能长期存在，最终会趋向开放。[①] 海洋促进了上海商业的发展，进而增强了上海文化的开放性。

### 3. 海洋促进人员流动

“问渠那得清如许，为有源头活水来。”上海靠海，得天独厚的地理位置，便捷畅通的海上交通，使上海成为一座著名的移民城市。大批外来移民的到来天然地增强了上海文化的开放性。1885 年，公共租界中上海籍人甚少，仅为 15%，随着新生儿的不断诞生，其居民人口比例则逐渐增加（见表 1）。

**表 1　上海公共租界中上海籍贯人口与非上海籍贯人口（1885—1935 年）**

单位：%

| 年份 | 上海籍贯比例 | 非上海籍贯比例 |
|---|---|---|
| 1885 | 15 | 85 |
| 1890 | 17 | 83 |
| 1895 | 19 | 81 |
| 1900 | 19 | 81 |
| 1905 | 17 | 83 |
| 1910 | 18 | 82 |
| 1915 | 17 | 83 |
| 1920 | 17 | 83 |
| 1925 | 17 | 83 |
| 1930 | 22 | 78 |
| 1935 | 21 | 79 |

资料来源：邹依仁：《旧上海人口变迁的研究》，上海人民出版社，1980，第 112 页。

1949 年以前，上海居民中 85% 来自全国各个省份，另有大量外国侨民，最多时有 15 万人，涉及 40 个国家和地区[②]。1949 年以后，上海外来移民的

---

① 有人可能会问，商人出于利润最大化考虑，在行为上可能摒弃歧视，但其内心未必真正开放。1957 年心理学家费斯廷格（Festinger）提出了著名的认知失调理论，该理论认为，在通常情况下，个人公开表达的看法与其私下里的观点或信仰是一致的。如果某人相信甲，但某人却公开主张非甲，那么他将会体验到这种由认知失调引起的不适感，通过改变自己原有的观点，使之与自己的行为相一致，可以减少这种令人不快的认知失调 。所以在长期的行为中，开放性的行为必定和开放的心态相一致（详见黄希庭、郑涌《心理学十五讲》，北京大学出版社，2005，第 302～303 页）。

② 熊月之：《上海城市精神述论》，《史林》2003 年第 5 期。

数量有所减少，但是在改革开放，尤其是浦东开发开放之后，又开始迅速增加。根据第六次全国人口普查数据，2010 年，居住在上海市并接受普查登记的境外人员共有 20.83 万人。其中外籍人员为 14.32 万人，占 68.7%；港澳台居民为 6.51 万人，占 31.3%。在港澳台居民中，香港特别行政区居民为 1.93 万人，澳门特别行政区居民为 910 人，台湾地区居民为 4.49 万人。上海的境外人员共涵盖 214 个不同国家和地区，人数超过 200 人以上的国家和地区有 39 个，呈现国际多元化趋势（见表 2）。

**表 2　2010 年上海分国籍境外人员人数及比例**

单位：人，%

| 国别 | 人数 | 比例 | 国别 | 人数 | 比例 |
|---|---|---|---|---|---|
| 日本 | 29684 | 20.7 | 印度 | 2550 | 1.8 |
| 美国 | 23602 | 16.5 | 意大利 | 2245 | 1.6 |
| 韩国 | 19764 | 13.8 | 菲律宾 | 2024 | 1.4 |
| 法国 | 7482 | 5.2 | 荷兰 | 1544 | 1.1 |
| 德国 | 6893 | 4.8 | 印度尼西亚 | 1345 | 0.9 |
| 加拿大 | 6535 | 4.6 | 西班牙 | 1269 | 0.9 |
| 新加坡 | 5957 | 4.2 | 泰国 | 1226 | 0.9 |
| 澳大利亚 | 5420 | 3.8 | 新西兰 | 1215 | 0.9 |
| 英国 | 4457 | 3.1 | 俄罗斯 | 1150 | 0.8 |
| 马来西亚 | 4021 | 2.8 | 瑞典 | 1144 | 0.8 |

数据来源：《上海年鉴（2012）》，http://www.shtong.gov.cn/dfz_web/DFZ/Info?idnode=83988&tableName=userobject1a&id=122992，最后访问日期：2021 年 4 月 16 日。

上海吸纳了大量素质较高的外来移民，为上海带来了大量资产和人力资本，使得上海成为全国人口众多、发展最快、影响最大、文化最开放的国际大都市。

## 四　结论

某种文化的形成，大都受到周边自然和社会环境的影响，然后通过代际传承下来。自然主义视角（naturalistic approach）的核心认为道德就是由我们每天和别人一起参与的众多博弈均衡选择工具进化而来的一组规范或者风俗习惯。[①] 上海“因海而生，因海而兴”，造成上海文化开放性的原因很多，但海洋文化对上海文化开放性的贡献功不可没。海洋促进人与人的合作，推进商业的发展，增加了外来移民的数量，造就并增强了上海文化的开放性。

---

① Ken Binmore, “Brian Skyrms: Evolution of the Social Contract”, *Philosophy of Science*, 2002, pp. 652 –654.

中国海洋社会学研究
2021 年卷　总第 9 期
第 139 ~ 152 页


# 江苏海洋文化产业区域平台构建的路径研究

徐洪绕*

**摘　要：** 长期以来，江苏海洋经济围绕建设海洋强省目标，解放思想、开拓创新，积极作为、争先创优，海洋经济整体发展一直处于我国的前列，是江苏经济增长的新亮点，成为江苏支柱性产业之一。就江苏海洋文化产业发展来看，呈现良好的发展态势。打造江苏海洋文化产业区域平台是发展江苏海洋经济的着力点，也是江苏海洋强省、文化强省、旅游强省建设的重要抓手和载体。打造江苏海洋文化产业区域平台需要依托江苏原有的海洋自然文化资源，依托江苏海洋文化产业基础，依托江苏创新聚力的各类创业要素，提升江苏区域内海洋文化产业要素的积聚度和聚合力；进一步深化行业管理改革，激发企业创业动能，创新思路、创新目标、创新方式、创新载体、创新机遇，重构跨疆界、跨领域、跨行业、跨业态的产业生发机制；协同政府、企业、个人的发展动能，扬长避短，聚力创新，互动共享，进一步适应新常态，增强新优势，再启新征程，为江苏海洋强省、文化强省、旅游强省的愿景目标凝心聚力，再创辉煌，努力实现江苏海洋经济和文化产业协同、健康发展。

**关键词：** 海洋文化　文化产业　区域平台

* 徐洪绕，连云港市民俗博物馆研究馆员，主要研究方向为文化产业。

近年来，海洋经济开发中第三产业开始发力，江海产业联动格局基本形成，形成了“一带、两轴、三核”的海洋经济发展空间新思路，既体现了江苏江海联动的地域经济特点，也为海洋经济发展拓展了地域空间，增强了发展动能；同时，海洋经济中新兴产业经济发展能级逐步提升，海洋文化旅游产业开发方兴未艾。

## 一　江苏海洋文化产业的现状

江苏海洋生产总值由 2012 年的 4723 亿元上升至 2016 年的接近 7000 亿元，年均增长 10.3%，高出同期全省 GDP 增速的 1.4 个百分点；占全省 GDP 的比重由 7.8% 升至 9.2%。伴随着海洋产业的转型升级和稳步推进，2015 年江苏省海洋第一产业增加值为 288 亿元，第二产业增加值为 3037 亿元，第三产业增加值为 3081 亿元，占比分别为 4.5%、47.4%、48.1%。海洋服务业首次超过海洋第二产业，成为江苏省海洋经济发展的新增长极。2016 年以来，《江苏“十三五”经济社会发展规划》《江苏“十三五”海洋经济发展规划》《江苏“十三五”文化发展规划》《江苏“十三五”旅游发展规划》等政策性法规相继出台，这些纲领性文件从各自的角度阐述了海洋文化产业发展的思路和方向，对于未来五年江苏海洋经济发展提出了明确要求。

江苏在海洋经济发展过程中，已经树立了一些比较著名的品牌。如连云港的水晶文化、淮盐文化、《西游记》文化；南通的张謇文化、印蓝花布、狼山、盐城的红色文化、汽车文化、镇江三山、淮安运河文化、南京的海丝文化等。它们作为地区发展的资源，既是软实力内涵功夫，也是硬实力的具体体现，更是发展海洋文化产业的前提。江苏可以抓住这些文化品牌，运用其发挥经济学中的“羊群效应”，汇聚要素，示范周边，主抓品牌的聚合效应、带动效应和示范效应，构建江苏海洋地域文化产业的平台高地。近年来，在江苏海洋文化产业中培育和打造了一批文化商业品牌，但在全国和世界上拥有一定知名度、美誉度的文化产品和文化品牌还不多，发展层级相对较低，差距较大。以东海水晶文化产业为例。东海县是中国的“水晶之乡”，也被誉为“世界水晶之都”，目前有 20 万人从事水晶产业，每年有 2500 多万件水晶雕刻艺术品行销世界各地，产业产值约 60 亿元，占据了东海县国内生产总值的1/3，占全国水晶市场份额的1/2，成为响当当的地方支柱产业，也是江苏海洋文化产业中的重要一支。然而，在世界范围内进行比较，整个东海县的水晶文化产业的产出只有国际著名水晶文化生产企业施华洛世奇公司的零头，而且还消费了大量的天然水晶资源。水晶产品中只有1个全国驰名商标，5个省级驰名商标。单体文化产品品牌的知名度和美誉度均比较低，品牌产品文化创意附加值还比较低，产品的综合品牌效应还未得到很好的发挥。同样，江苏海洋产业中的《西游记》文化、徐福文化、江海文化、红色文化等，以及蓝印花布、发绣等工艺美术产业，均需要在打造著名品牌上花大气力、做大文章。只有做大做强产业，制作出文化精品，形成品牌效应，才能逐步提高产品的市场占有份额。

江苏海洋经济产业平台是一个具有互动互交、多维立体、系统完善的经济活动空间和系统过程，体现了区域内海洋文化产业的具体活动和时空跨度。从平台搭建的主体、功能、作用、定位等综合因素考量，主要有以下几种平台类型。

1. 自然生态产业平台，比如连云港海州湾海洋公园、盐城麋鹿园景区、丹顶鹤保护区、南通吕四渔场、淮河流域饮食文化、镇江三山文化区等。

2. 名人名产产业平台，比如连云港的徐福文化、《镜花缘》文化、紫菜文化；南通的张謇文化、蓝印花布文化、海门山歌；盐城的红色文化、海盐文化、南京的海丝文化、淮安和扬州的运河文化、镇江的白蛇传传说等。

3. 生态博物馆产业平台，比如连云港的海州五大宫调、淮海戏生态博物馆、盐城的中国海盐博物馆、南通的濠河博物馆群、镇江西津渡文化街区等平台载体。

4. 会展论坛产业平台，比如江苏苏北区域印刷行业联谊会、江苏苏北非物质文化遗产展示会、江苏农业国际博览会、连云港“一带一路”国际物流产业博览会等。

5. 品牌聚合产业平台，比如江苏沿海比较知名的淮盐、大运河、海上丝绸之路等。

6. 区域文化产业平台，比如江苏提出的特色文化小镇建设，又如连云港的海头赶海小镇、连岛海滨风情小镇、高公岛渔业风情小镇；盐城的黄尖镇丹鹤小镇、草庙镇麋鹿风情小镇、九龙口镇荷藕小镇；南通的吕四仙渔小镇、仇桥镇水乡风情小镇、闵桥镇荷韵小镇和扬州的界首镇芦苇风情小镇等。

7. 创意园区产业平台，如连云港 716 文化创意产业园区、盐城串场河文化聚集区、中韩产业园文化街区、南通赛格动漫产业基地、南通家纺创意设计集聚区、淮安古淮河文化创意产业园、清河文化创意产业园区、扬州 486 非遗聚集区等。

8. 产业链式产业平台，比如江苏海洋文化的重点之一是《西游记》文化，且《西游记》文化的主要内容覆盖连云港、淮安两地，可以互为补充，相得益彰。

9. 跨界融合产业平台，比如用海洋文化资源加动漫、创意、影视、网络等文化产业新业态，也可以利用海洋文化资源加渔业、旅游、体育、休闲、养老、科技等关联产业。

## 二 江苏海洋文化产业存在的问题

由于江苏海洋经济格局中海陆并进、江海互通特色明显，长江经济带远强于沿海经济带，导致苏南、苏中、苏北区域经济发展不均衡和其他一些历史发展问题，江苏海洋经济中的第三产业发展不太充分，沿海各地微观经济、社会发展存在一定的差异，各门类的海洋产业和文化产业发展参差不齐，海洋文化产业局部发展呈现不均衡的态势，具体体现在以下几个方面。

### （一）传统海洋文化产业思维制约行业发展

江苏是海洋大省，但不是海洋强省，究其原因，主要还在于开发和发展海洋文化产业的思路相对落伍，关注第一产业、注重第二产业一直是地方政府发展海洋产业的主导型思路。比如 2009 年，国家批准的《江苏沿海地区发展规划》中将江苏沿海区域定位为：我国重要的综合交通枢纽，沿海新型的工业基地，重要的土地后备资源开发区，生态环境优美、人民生活富足的宜居区，体现出明确的倾向性。在发展海洋产业过程中，海水养殖、远洋捕捞、船舶制造、港口物流一直是行业发展的主角，而对于海洋生态利用、海洋旅游、海洋休闲、海洋生物、海洋文化等产业形态的开发利用重视不够，且由于海岸有效利用资源稀缺，海岛、海滨、海滩、浅海等区域的海洋文化旅游产业开发相对滞后。比如连云港前三岛，早在20世纪80年代就开始了海珍品养殖和开发工作，也是天然的“江苏鸟岛”，至今起色不大，未形成规模化产业和整体性效益。

### （二）海洋经济结构较全国整体发展存在差距

在经济发展过程中，地区各产业构成比例直接影响对其当地经济发展的贡献率。由于区域性价值取向和产业思路的误区，江苏海洋经济中现代海洋服务业发展较全国还有一定差距。2009年《江苏沿海地区发展规划》中明确提出形成以现代农业为基础、先进制造业为主体、生产性服务业为支撑的产业协调发展新格局。但是经过两年多发展，产业结构还未彰显其优势。2015年全国海洋生产总值64669亿元，其中，海洋第一产业增加值3292亿元，第二产业增加值27492亿元，第三产业增加值33885亿元，海洋第一、第二、第三产业增加值占海洋生产总值的比重分别为5.1%、42.5%和52.4%。而2015年江苏省海洋产业生产总值为6400亿元，其中第一产业增加值为288亿元，第二产业增加值为3037亿元，第三产业增加值为3081亿元，占比分别为4.5%、47.4%、48.1%。海洋服务业刚刚首次超过海洋第二产业，但占比比全国平均值低4.3个百分点，比江苏地区生产总值的第三产业比值也低0.5个百分点[①]，差距是显而易见的。

### （三）海洋产业综合创新创意能级相对较低

海洋产业主要包括海洋渔业、海洋养殖业、海洋船舶工业、海盐业、海洋油气业、滨海旅游业、海洋文化产业等。江苏多年来大力发展传统海洋产业，第一产业稳步增长，第二产业快速崛起，特别是海水养殖、港口物流、船舶制造、海洋电力、海洋油气业等规模化产能行业，在多方面领先全国。如江苏省海洋工程装备产品数量和产值约占全国的1/3，海洋船舶造船数量居全国首位，海上风电规模居全国首位，海洋沿海沿江亿吨大港数、货物吞吐量均居全国第一。[②] 而对于依托自然和生态的新兴支柱性产业

---

① 数据来源：江苏省自然资源厅发布的《2019年江苏省海洋经济统计公报》。

② 数据来源：江苏省政府办公厅发布的《江苏省“十三五”海洋经济发展规划》。

重视不够，存在开发短板，比如海洋生物、生态能源、海洋旅游、海洋文化、海洋高端设备制造业等方面，更缺少横向跨界、纵向串联的海洋经济开发亮点，新兴支柱性产业开发力度不够。就海洋文化产业开发来看，一方面，在原有的海洋产业中，新型海洋服务业的业态不多，大多是传统旅游观光型的产业业态，很少涉及海洋创意文化产业，缺少一、二、三产业跨界融合的大手笔；另一方面，就海洋服务业发展需求来看，缺少现代海洋服务业的科技人才、创新机制和科研机构，这极大地制约了区域性海洋经济创新和能级的提升。

### （四）海洋产业发展不均衡依然是区域经济发展的掣肘

由于受到历史原因和地域位置的影响，江苏在区域经济发展均衡方面历来存在差距。江苏在海洋经济发展中提出了“江海联动”的发展思路，而沿海经济整体发展水平弱于沿江经济整体发展水平，这是一个不争的事实。而就江苏海洋经济打造的“两轴”，即沿东陇海线海洋经济成长轴和淮河生态经济带海洋经济成长轴，基本处于一个均等平衡的产业发展水平上，水陆统筹也存在“南强北弱”的态势。特别是处于海洋前沿的沿海“三核”，海洋经济发展上的差异体现为从南向北依次呈梯度下滑的趋势。南通、盐城、连云港 3 个沿海城市，“十二五”末的海洋经济总值分别达到 1684 亿元、914 亿元、642 亿元。连云港的海洋经济总值比南通少了 1000 多亿元①，二者本身就不在一个层级上。南通市力求对接上海、长三角，致力于向苏南地区看齐，其发展更侧重于追求与苏南的互动，缺乏与盐城和连云港建立协调机制的动力。而盐城作为三市中心，主动东跨大海对接韩国，西接苏中，紧跟苏南，没有发挥好其枢纽联通作用，缺少与南北互动的设想。连云港则西联中国中西部，着力打造“一带一路”核心区和先导区，主动对接东陇海产业带，虽然区位条件得天独厚，但是其在海洋经济成绩上位列三市最后，很难发挥龙头引领功能。三个城市的海洋经济业态各有侧重，经济基础不一，在沿海一带开发上较难形成协作战线的跨界发展格局，江苏海洋经济的不均衡成为江苏海洋经济区域协调发展的掣肘。

---

① 数据来源：江苏省政府办公厅发布的《江苏省“十三五”海洋经济发展规划》。

### （五）跨界、跨区、跨行海洋文化产业区域平台缺失

在江苏海洋文化发展过程中，已经建设了一批文化产业平台。但是，由于受到区域行政管理体制和经济运行模式的影响，跨界、跨区、跨行海洋文化产业区域平台依然缺失。比如现在比较成熟的海州湾公园，丹顶鹤、麋鹿自然保护区，多为文化旅游业态，缺少海洋文化创意、动漫游戏、休闲体验、科技展示等业态的跨界产业内容；在江苏涉及海洋经济的沿海、沿江区域内，有省级文化产业示范园区 10 多个，但是，基本没有与海洋文化产业对接的，也没有以海洋文化产业为主打方向的文化产业园区，缺少跨业、跨行的融合机制；又比如江苏的《西游记》文化、海洋渔文化、淮盐文化等文化产业都涉及两个以上的行政区域，也是各地主导的文化产业内容，但是目前没有一个跨行政区域的文化产业平台，缺少跨区域的合作。

## 三 江苏海洋文化产业区域平台打造的对策和路径

海洋文化产业是江苏海洋经济中的重要组成内容，也是未来江苏文化产业发展的前瞻产业和潜在动能，具有巨大的发展潜力。搭建好适宜江苏海洋文化产业发展的区域平台将极大地为江苏海洋文化产业增添新动能。打造江苏海洋文化产业区域平台可以基于聚焦海洋、发挥优势、融合区域、集聚产能、尊重差异、跨界整合、聚力创新、保护生态和有序发展的基本思路，采取以下发展路径。

### （一）保护海洋文化产业平台要素资源

1. 树立绿色发展的核心理念。资源的可持续利用一直是我国近年来积极倡导的，是指导各项工作的行动指南，也是江苏现代海洋经济发展的核心价值理念，体现了江苏海洋经济、绿色经济的本质属性。区域的海洋文化建设和文化产业发展均需要依托原有的自然历史文化存续资源，因此，保护好原有的各类文化产业要素资源将奠定海洋经济绿色发展的基础，也是助推海洋文化产业未来发展必须遵守的底线。要牢固树立生态保护的底线意识，着眼于绿色经济发展，为江苏海洋经济未来着想，确保在我们手里不再损害区域海洋文化资源。

2. 坚持开发过程中的文化资源保护。党的十八大首次提出生态文明建设，并将其与社会建设、政治建设、经济建设、文化建设等融为一体，将建设美丽中国作为实现中国梦的核心目标之一。生态文明不仅是指生态环境，也涵盖了社会生态、文化生态；不仅意味着碧海蓝天、风景如画、人与自然高度和谐，而且体现了生产生活与生态的天人合一、高度一致的文明形态。江苏区域性海洋文化资源历史积淀深厚，文化脉络明晰，既有共性，也有差异，拥有众多不可多得的自然文化产业要素，如渔文化、淮盐文化、湿地文化、水文化、宗教文化等。然而，优质的文化资源只是给产业发展提供了可能，为搭建海洋文化产业平台提供了基础。它们是开发文化产业的源头活水，并非全部，只有保护好，并留下来，才能为开发提供可能，为后人所使用。因此，打造江苏海洋文化产业区域平台首先必须坚持保护第一、合理利用的基本原则，必须在保护的前提下积极利用。需要牢固树立绿色发展的核心价值理念，长期坚持绿色发展的思路，保护江苏海洋文化的血脉，努力构建共有的精神家园。

### （二）推进区域平台顶层设计

1. 细化落实江苏海洋经济发展规划。要打造江苏区域性的海洋文化产业平台需要从具体对接中抓落实，从具体实践中搭平台，因此，细化落实规划要点十分关键。要依据各类规划的侧重点和落脚点，细分海洋经济重点内容、重点产业、重点区域，以及将重点打造的平台，拿出线路图和任务表，加快制订海洋强省、文化强省战略实施计划的工作安排，整合江苏海洋文化资源，设计产业发展重点，着力搭建江苏海洋文化产业区域平台，全面推动海洋文化产业再上新台阶，切实将江苏海洋文化产业的发展落到实处。

2. 明晰江苏海洋文化产业发展责任主体。在我国产业发展中，区域壁垒、行业壁垒是致命的短板，海洋文化产业也是如此。文化产业归文化部门管理，海洋经济归属政府海洋产业部门，海洋文化旅游有旅游部门统计，江苏还在省发改委设立了沿海办，专门负责江苏沿海大开发事宜，这些政府机构都从不同的角度承担着江苏发展海洋经济的责任和任务。可以依据江苏海洋文化产业平台建设的方向和重点，设计协调会议制度，细化责任主体，明确各自任务，将江苏海洋文化产业的目标和任务明确起来，落实到位。

3. 消除海洋文化产业行业间的壁垒。文化产业涉及面宽，依据国家文化振兴计划可以分为十大产业，涉及文化创意、新闻出版、演艺会展、广告礼品、版权保护、工艺美术、文物开发等，加之后来发布的文化创意产业文件中涉及的内容，还包含工业设计、城市设计、旅游休闲、体育健身、休闲养老等行业，涉及面宽，区域广阔，管理也十分复杂。要打造文化产业区域平台，首先要加强省级、市级层面的区域之间、行业之间的交流和合作，消除文化产业行业壁垒，构建江苏海洋文化产业的区域、行业协调发展的局面，提升海洋文化产业的整体竞争力。

### （三）深化区域平台管理体制改革

1. 搭建海洋文化产业区域平台。发展江苏海洋文化产业需要引入区域性的协商机制，通过政府、企业、行业、跨行业等区域之间的共商合作机制，加强各个地区、各个行业、各个企业、各地政府之间的联系，协同共进、协商共享。进一步扩大江苏涉海城市、行业区域之间的互动、协作、合作，通过政府、行业协会、企业、个人等多种载体，逐步组建跨行业、跨地区、跨业态的战略合作联盟或社会经济组织，努力形成多地的文化企业、行业领袖人物、行业协会、政府部门之间的良性互动和协商交流，最终形成合作互动协商平台机制。

2. 建设江苏海洋文化产业发展研究平台。搭建海洋文化产业平台需要各地、各行业的智力支持，建设适宜的研究平台非常必要。可以适时倡导组织、开办多元化、交互性的海洋文化产业论坛，邀请全国，乃至世界上有影响力的个人、公司参与，深入探讨江苏海洋文化产业发展的各类问题以及解决办法，启迪思路、汇聚民智，通过专业研究团队和稳定持续的论坛机制凝聚人气和智力，整合智力资源，搭建产业发展研究平台。

3. 完善江苏海洋文化产业企业管理平台。海洋文化产业涉及面广，管理机构比较多，既有传统的新闻出版业、文化产业、海洋渔业管理部门的企业门槛，也有现代新兴产业、跨界产业管理的要求。特别是跨区域的文化产业企业起始条件基本一样，存续状态不一，一旦跨区域发展，还得多地备案、多地注册、多地认证、多地租赁办公地点，势必会给这些企业的发展带来障碍和掣肘，无形中增加了企业生产成本。要进一步鼓励各类企业涉足海洋文化产业，鼓励有能力的企业多地执业、拓展业界、互通有无、互认资质，允许外地企业、民营企业，特别是中小企业在法律构架内在多地设立机构。鼓励外地企业以资本、资源、知识产权、智力能力为纽带成立海洋文化工作室、股份制公司，联合行业力量搭建新平台进行发展。

### （四）提升江苏区域内海洋文化产业基础能级

1. 着力加快原有海洋文化产业的转型升级。在江苏海洋经济发展过程中，海洋商务会展、海洋文化创意、滨海旅游业是江苏海洋经济第三产业中发展比较成熟的业态。因此，抓住这些海洋文化产业的龙头，对加快推动海洋经济快速转型升级有着事半功倍的成效。要着力发展海洋信息服务业，积极培育大型信息服务企业，促进现有海洋信息服务向集团化、网络化、品牌化发展；要大力发展海洋文化创意产业，深入挖掘江苏海洋文化底蕴，重点扶持海洋文化创意企业，建设创意设计产业园，培养海洋文化创意人才。要积极发展会展交易服务业，提升国际会展功能，打造区域性和国家级会展品牌。同时，还要按照江苏滨海旅游发展“333”总体空间布局，实施“一大旅游品牌、三大旅游精品、十五大特色产品”建设。整体打造“江苏沿海”旅游品牌，形成滨海生态观光、神话文化体验、历史文化、红色系列等特色旅游产品。

2. 加快创新发展新兴的文化产业业态。江苏早在“十二五”期间就提出了大力发展海洋经济，坚持陆海统筹，重点发展远洋运输、远洋渔业、海洋生物医药、海洋工程机械、海洋化工、海洋旅游等产业的基本构想。随着我国经济步入新常态，产业转型升级需求提升，江苏需要进一步深化创新海洋经济发展模式，推进海洋经济供给侧结构性改革，紧跟世界海洋经济发展潮流，创新新型产业业态。因此，“十四五”期间，江苏必须以海洋科技创新为突破口，在海洋文化产业核心技术方面实现新突破，提升江苏海洋科技总体水平。比如在海洋创意文化产业方面，加快推进海洋动漫手游、实景演艺、水下娱乐、线上海洋博物馆等科技含量高的业态开发。在海洋文化旅游方面，开发海岛旅游和邮轮经济，发展游艇旅游、海岛度假、海岛垂钓、海岛观光探险等新型旅游业态；积极开发日、韩海上旅游航线，努力拓展欧美、中亚及俄罗斯客源市场。通过科技创新着力提高江苏海洋经济发展质量和产业能级。

3. 加快海洋文化产业与新型科学技术行业的产业融合。要加快推进海洋文化产业的供给侧结构性改革，精准定位现代产业发展趋势，适应现代消费群体的新需求，注重创意，开发出现代大众喜爱的新产品，引领海洋文化消费新潮流。一方面，可以加快现代科技在海洋文化产业中的运用和利用工作，如推广现代数字化舞台技术、网络技术、数字技术、虚拟技术、移动数字技术、环保技术、仿真技术、图形图像技术、动漫制作技术和新材料技术，用现代科技创新变革传统文化行业，催生创新性江苏海洋文化产业新业态；另一方面，要积极加强现代海洋文化产业的科技创新和科研开发，如远程海洋娱乐、海洋游艺机器人、海洋生化、海水淡化、新能源体育运动器械、旅游潜水舱等新科技产品开发，借助新科技发展新业态，开发新产品，打造全新的海洋文化产业的科技创新集聚平台。

### （五）延伸海洋文化产业平台的产业链

1. 打造富有区域个性的海洋文化产业平台产业链。在江苏海洋经济发展中，地域特点是明显的特色之一。打造江苏海洋文化产业区域平台首先需要依托和发展富有地域特点的文化产业平台，扬长避短，凸显优势。与此同时，在文化产业领域中，江苏各行业发展也不均衡，存在差异，需要彰显优势、避虚就实。比如江苏的海洋文化旅游与海南相比就具有个性，主要集中在浅海、滩涂、湿地区域，发展近海文化产业比海南有优势，而发展深海文化旅游则存在短板。这就适宜打造近海海洋文化旅游产业平台。又如同为打造江苏海洋文化产业平台，连云港是山海结合的海洋文化，广阔的浅海、近海资源是其他两个市没有的；南通位置滨海临江，江海融合，既受长江文化的影响，也受到海洋文化的滋润，狼山是南通的代表；盐城位居中间，湿地文化是其海洋文化的代表，既不同于连云港的山海文化，也不同于南通的江海文化，而且拥有丹顶鹤、麋鹿等的生态保护区，拥有大面积的滨海湿地。打造海洋文化产业平台，不仅要看自身拥有的资源状况，更重要的是需要注重联通，在彰显区域产业个性特色的基础上，搭建跨区域的产业链平台。

2. 联通具有差异化的海洋文化产业平台产业链。依据区域经济学发展的规律来分析，同样的文化产业资源容易造成同质化竞争的态势。江苏海洋经济与山东、浙江、上海容易产生纠葛；江苏沿海区域与其同在一个屋檐下，容易发生同质化竞争；甚至同类的文化资源和产业要素也容易导致各个区域和企业在产业门类上造成同质化竞争的发展格局。因此，要善于发现差异、认同差异、用好差异，将文化差异、要素差异、行业差异转化为可以利用的产业优势，尊重差异化发展的客观现实，将产业、行业高地与中间、洼地联通起来，打通上游、下游，联通产业链，构筑差异化发展的平台产业链。比如江苏沿海三大核心城市文化产业水平本身就存在差异，要构建区域性的沿海文化产业带，需要在认同差异的情况下具体对接，而不能盲目自大，贻误了发展机遇。

3. 构建全域性的海洋文化产业平台立体产业链。文化资源庞杂而繁复，流派多样而各有特色，涉及社会、经济、人民生活等各个方面，当然也包括文化自身。就每个文化本体而言，尽管其内容或形式均有自己的个性特质，而其整体上则存在着千丝万缕的联系，互为补充、互相促进、相辅相成。经济发展中的产业链形成是经济成熟的标志之一，海洋文化产业平台建设亦然。成熟的文化产业必然有着自成体系的、具有空间和时间跨度的立体产业链。以南通的博物馆群文化产业平台为例，它既是南通海洋文化的展示平台，也汇聚了诸多产业要素的重要平台，是江苏海洋文化产业中富有特色的平台。博物馆群的形成和发展促进了南通的文化会展业发展，同时，也包容了诸多文化产业业态，如服务于参观游览者的文化旅游、图书出版、影视制作、工艺美术品展销、非物质文化产业生产性保护等，以及印蓝花布、刺绣等传习、培训和产品销售等，可谓相得益彰、“借船出海”。这个区域的文化产业繁荣和发展也为博物馆群长期存续和经营提供了重要保障。

### （六）厚植江苏海洋文化产业平台建设发展动能

1. 积极推进区域间的文化产业平台合作。依照区域经济发展的规律，扬长避短，凸显优势，加强区域间的经济合作十分关键。这是发展区域经济的核心要义。文化产业不是孤立于经济以外的行业，有竞争，有依存，特别是海洋文化创意产业，每个行业、业态或企业都存有自己的核心技术和关键技能，有时甚至存在巨大技术差异。区域间文化产业发展也是如此。企业可以通过取长补短、互惠互利、协作共赢，降低经营成本，提高产业效率，提高市场覆盖率。江苏海洋文化产业本身就比较强，可以通过强强联合、强弱联合、弱弱联合的发展模式，加快推进各类文化产业平台组合，开展合作，在合作中发挥优势，培育商机，协作共赢。比如淮盐文化产业，盐城已经建成了中国海盐博物馆、海盐文化旅游风貌区，开启了海盐文化的现代之旅。连云港是淮盐文化的发源地，正在建设淮盐文化生态博览园。博览园集非遗保护、文化创意、旅游开发为一体，精心打造全新的旅游产业与文化产业的生态合作体。盐城、连云港各有千秋，通过合作，优势互补，可以加快提升产业发展空间。

2. 增强区域间海洋文化产业之间的啮合度。文化产业是一个大系统，这不仅体现在文化产业与社会、经济、环境等外部因素的联系，而且体现在文化产业内部各行业间的融合，同时，也体现在传统文化产业与现代文化产业、文化产业链的上游与下游、各类文化企业、各类文化业态、各类发展模式之间的观照和联系。增强江苏区域间海洋文化产业之间的啮合度，就是需要依据共享共赢的基本发展理念，关切江苏海洋文化产业区域之间的差异和联系，求同存异，融合发展。要进一步依据江苏海洋文化产业新布局，精心设计江苏"一带、两轴、三核"的重点产业发展思路，抓住主要的产业链，加快区域内产业的均衡化布局。要充分利用文化产业各个业态的市场优势，主动推动文化产业的供给侧结构性改革，加快提升产业和产品的转型升级。要善于统筹文化产业与关联产业的融合，运用全新的"互联网+"发展思维，深化海洋文化产业与关联产业的联系，加快推动海洋文化产业协同发展。

3. 加快智慧海洋文化产业物联网平台建设。要鼓励企业加快开发区域性智慧海洋文化产业物联网平台，充分利用江苏海洋文化资源和品牌，运用大数据、云储存、物联网、机器人等现代科学技术，建设现代海洋文化产业物联网平台，打造江苏海洋文化产业的新高地。要加快推动江苏海洋文化产业的科技创新和科技运用，积极开展江苏海洋文化产业新项目研发，整合全域内的海洋文化产业资源和企业资源，超前布局海洋文化产业科技发展，聚力创新，打造高端的海洋文化产业平台。

### （七）着力拓展江苏海洋文化产业平台界域

1. 重新构架江苏海洋经济平台建设新疆域。就江苏传统的海洋经济发展区域而言，沿海、沿江一直是发展的重点区域。搭建江苏海洋文化产业发展的新平台，一定要破除传统空间开发思想的束缚，放大区域疆域，依照现代江苏海洋区域经济发展新格局，即“一带、两轴、三核心”的产业空间布局，重新梳理各个区域海洋文化产业的发展重点和要素资源，重新确立区域内文化产业平台建设的基础和发展潜质，重新定位，重新布局，重构区域海洋经济发展新疆域。

2. 加快海洋文化产业与关联产业的跨界融合。要抓住海洋文化产业的发展特点和地方特色，加快与海洋渔业、海洋牧业、滨海农业、林业、旅游、体育等关联行业的跨界融合，抢抓机遇，发挥优势，跨界发展。要善于将自然资源转化为文化产业资源，要善于将其他行业资源转化为文化产业动能，也要善于将文化产业与其他关联产业融合起来，联动互动，融合发展，共享共赢。

3. 力促海洋文化产业自身各类产业业态的跨界融合。江苏海洋文化产业资源丰富，而且文化产业自生也涉及十几个业态。要打造海洋文化产业区域平台需要采取包容性增长的经济运行模式，聚集各类生产要素、产业要素，汇聚各类创业业态和创业主体，不仅要依托现有的产业资源，更需要最大范围地融合产业要素，运用串联、并联、网络的产业联合模式，构建宽领域、多业态、组合式的海洋文化产业平台。比如淮盐文化是江苏典型的海洋文化产业资源，覆盖连云港、盐城、淮安、扬州、镇江等地域，其产业业态涉及工业生产、文化创意、渔业农耕、旅游观光、休闲养身、体育健康等产业业态，打造江苏区域性的文化产业平台将是一个事半功倍、举一反三的产业亮点。

中国海洋社会学研究
2021 年卷　总第 9 期
第 153 ~164 页


# 海岛型景区交通服务体系分析与现代化治理探讨*

## ——以山东长岛为例

许冰晨　胡宇娜　马鑫涛　毛文青**

**摘　要：**旅游交通是旅游活动开展的必要条件，它既是抵达目的地的手段，也是在目的地内部活动往来的手段。海岛由于其孤立性和封闭性，游客在岛内的交通出行受天气、地形等条件限制，更容易出现“散不开”的问题，因此，对海岛型目的地的交通问题进行研究具有重要意义。对案例地——山东长岛的研究发现，当地明显分化的旅游淡旺季导致客流量存在短时大量增加与回落现象，加之城镇与景区交通的交叉混合，造成了交通信息传达不畅、交通运力供给不足、黑车屡禁不绝等问题。因此，长岛应当加强智慧平台建设，加强慢行道系统建设，引导私人车辆规范进入服务平台，加强交通高峰时期对车辆“游居”分流的管理，以此提升游客交通服务体验，协调游客与居民的出行关系。

---

* 本研究系国家自然科学基金青年项目“海岛型目的地游客流动模式与环境约束下的旅游交通体系优化研究：以山东长岛为例”（41901171）、山东省社会科学规划项目“基于大数据的长岛内部游客流动特征与服务体系优化研究 ”（19BJCJ07）、省级大学生创新创业训练计划项目“大数据支持下旅游线路的空间模式及效应研究——以山东省胶东地区为例”（S202010451108）的阶段性成果。

** 许冰晨，鲁东大学商学院本科生，研究方向为旅游交通；胡宇娜（通讯作者），鲁东大学商学院副教授、硕士生导师，主要研究方向为旅游空间计量和在线行为研究；马鑫涛，鲁东大学商学院本科生，研究方向为旅游者行为；毛文青，中国建设银行山东省分行员工，研究方向为旅游经济。

**关键词：** 海岛型景区　旅游交通　服务体系　现代化治理

良好的景区交通服务能够满足短时大量的交通需求、提升出行效率、带来流畅的出行体验，从而提升游客满意度、提高重游率，最终增加景区收益。《中华人民共和国国民经济和社会发展第十四个五年规划和二〇三五年远景目标纲要》提出要"健全旅游基础设施和集散体系"，景区交通的重要性由此可见一斑。然而近年来部分景区交通服务情况令人担忧，景区交通道路质量差、景区可进入性低、游客进出目的地受限，节假日期间旅游交通运力更是远远不能满足需求，出现了游客买票难、乘车难等"进不去、出不来"的一系列交通难题，更别提黑车宰客、漫天要价等交通服务乱象了，长此以往，不仅会降低游客满意度，甚至会引起假日市场萎缩。

## 一　现有研究综述

我国学者对景区交通问题一直以来有着较多的关注，现有景区交通研究内容也较丰富。在景区交通规划建设方面，钮志强等探索了封闭型和开放型景区的交通组织模式及要素布局要求，提出旅游城市应构建城市 - 景区两级旅游集散体系，并应用于三亚南山景区[①]；林定良以贵州黄果树风景名胜区为例，针对风景区内以单一机动车为主导的出行方式所带来的交通拥堵和环境恶化问题，提出基于旅游观光轨道交通的组织模式，以缓解风景区交通压力、实现风景区可持续发展[②]。在景区交通可达性方面，邓广然、刘耀林以武汉市为例，在深入研究多模式公共交通系统的基础上，运用增强二步移动搜索算法对武汉市景区空间可达性进行分析[③]；戢晓峰等运用社会网络分析法和可达性模型评估自驾游发展水平及旅游交通可达性，借助耦合模型解析了云南省自驾游发展水平与旅游交通可达性的耦合关系，

---

① 钮志强、丁楠、王小娟：《旅游城市景区交通规划技术方法》，《城市交通》2019 年第 2 期，第 84 ~ 89 页。

② 林定良：《基于生态环境约束的山地带状多组团旅游景区交通改善研究——以黄果树风景名胜区为例》，《公路与汽运》2019 年第 3 期，第 38 ~ 43 页。

③ 邓广然、刘耀林：《基于多模式公共交通系统的武汉市旅游景区空间可达性分析》，《国土与自然资源研究》2019 年第 1 期，第 61 ~ 66 页。

对云南省自驾车旅游与旅游交通网络发展提出了针对性优化对策[①]。在景区交通低碳路径优化方面，刘畅等以长白山景区为例，研究旅游交通碳足迹时空结构，通过对36个月的景区客流数据进行分析，发现旅游交通碳足迹具有季节性特征并据此提出了优化建议[②]；刘长生以张家界市景区环保交通低碳旅游服务为研究对象进行实证分析，发现环保交通低碳旅游服务提供效率较低，存在较强的季节波动性，但呈现递增的变化规律，为提供低碳旅游服务的旅游企业经营决策与公共政策制定提供了理论与实证依据[③]。在景区交通与游客满意度方面，曹小曙、刘丹抓取网络旅游评论，运用文本分析技术判断每条评论的情感倾向，计算每个城市的旅游交通游客满意度；通过地理探测器及相关分析，探究城市旅游交通满意度的空间分异特征及其影响因素。[④] 汪丽、曹小曙以西安市三大著名历史文化景区大明宫国家遗址公园、大唐芙蓉园、西安城墙景区为研究案例，采集游客调查问卷数据，应用李克特5点量表、等权均值加和以及单因素方差分析方法，对城市旅游景区旅游交通的满意度做出综合评价和对比研究。[⑤] 在不同类型的景区交通研究方面，孙爽爽以南北方具有代表性的两座山岳型景区——玉龙雪山和泰山景区为例对比研究了山岳型景区交通，针对性地研究了如何优化道路网络体系、服务设施、交通集散节点布局及交通管理手段[⑥]；王峰以云南省边疆山区为例，总结出边疆山区交通与旅游空间结构演化的相互作用过程及规律，并提出了促进边疆型景区交通发展的建议[⑦]；王家川等以南锣鼓巷为例，基于MaaS理念，运用AHP法对城市型景区交通服务水平进行量化，

---

① 戢晓峰、张力丹、陈方、崔梅：《云南省自驾游发展水平与旅游交通可达性的空间分异及耦合》，《经济地理》2016年第5期，第195~201页。

② 刘畅、韩梅、王洪桥、王鹏举：《长白山景区旅游交通碳足迹时空结构研究》，《生态经济》2018年第4期，第70~74页。

③ 刘长生：《低碳旅游服务提供效率评价研究——以张家界景区环保交通为例》，《旅游学刊》2012年第3期，第90~98页。

④ 曹小曙、刘丹：《大数据视角下中国城市旅游交通满意度的空间分异特征及影响因素》，《热带地理》2018年第6期，第771~780页。

⑤ 汪丽、曹小曙：《历史文化景区旅游交通满意度研究——以西安三大景区为例》，《西北大学学报》（自然科学版）2015年第4期，第665~669页。

⑥ 孙爽爽：《基于Fuzzy-IPA模型的山岳型景区旅游交通满意度对比研究——以玉龙雪山和泰山为例》，云南财经大学硕士学位论文，2019。

⑦ 王峰：《西南边疆山区交通网络与旅游空间结构演化关联机制及效应研究——以云南省为例》，华东师范大学博士学位论文，2014。

为用户选择旅游目的地及城市管理者改善交通服务提供了参考①。可见，国内学者对景区交通借助多样手段进行了组织优化策略的研究，取得了一定成果，但是目前针对陆域景区交通的研究较多，对海岛型景区和目的地开展的交通研究很少，关注相对不足。实际上，海岛由于其孤立性和封闭性，游客在岛内的交通受天气、地形等条件限制，更容易出现“散不开”的问题。且海岛又是一个生态相对脆弱的地域单元，如何满足游客、岛民交通需求又不至于在较大程度上损害海岛生态环境，也是需要高度关注的问题。近年来，我国海岛旅游地位不断提升，海岛旅游接待人次与旅游收入持续增长，滨海旅游正领跑海洋经济增长。因此，对海岛型目的地的交通问题研究更具有重要意义。

## 二　案例地选择

山东长岛由 32 个岛屿、66 个明礁以及 8700 平方千米海域组成，其中有居民岛屿 10 个；地处胶辽半岛之间、黄渤海交汇处，南北纵列于渤海海峡，南邻蓬莱，北望旅顺，东与日韩隔海相望，是京津门户，也是进出渤海必经的“黄金水道”，地理位置重要性可见一斑。

《长岛综合试验区国民经济和统计公报》显示，2019 年全区实现地区生产总值 743741 万元，全年实现旅游综合收入 47.7 亿元，比上年增长 3.7%，全年接待游客 367.7 万人次，比上年增长 3.5%。长期以来，长岛海洋资源丰富，海洋渔业是当地居民谋生的主要方式，以海洋和岛屿为特色的旅游业是长岛的支柱产业。

随着“蓝色经济”的迅猛发展，长岛凭借其肥美多样的海产品、适宜的气候条件、远离喧嚣的岛域环境、绝佳的地理区位和厚重古朴的文化基础，备受追求品质生活与深度旅游体验的游客青睐，已成为国内著名的疗养、休闲和度假胜地。相比于陆域景区存在的过境交通压力大等问题，长岛这一孤立的海岛型景区虽无须考虑过境交通，但其地域面积狭小带来的景点分散、交通形势复杂、交通资源有限、出行效率不足等交通问题更为

① 王家川、石睿轩、周轶、张鹏、吴爱枝：《基于 MaaS 理念的城市景区交通服务能力研究》，《交通工程》2021 年第 2 期，第 25～32 页。

突出。尤其是2018年长岛被批复设立海洋生态文明综合试验区后，为了进一步保护生态环境，岛外私家车辆不再允许进岛，游客出行都将完全依赖现有的公共交通。在此情况下，如何在保证环境质量前提下提供优质的交通服务问题尤为重要。鉴于此，本文以山东长岛为研究对象，对其旅游交通服务体系中存在的问题进行分析，并提出建议。

## 三 长岛现有旅游交通服务体系问题分析

### （一）交通信息传达不畅，滞留问题时常引起游客不满

随着大数据、物联网等现代信息技术的发展，游客对旅游集散、咨询服务的要求越来越高，整个趋势向智能化发展。但目前长岛的大数据平台搭建不完善，缺乏有效整合，数据发布不及时。例如，长岛受其所处地理位置影响，经常出现由大风大雾引发的停航情况，旅游旺季一旦出现此类问题，长岛港候船厅便会挤满待出岛的游客，恰逢酷暑人们则汗流浃背、焦急难耐，徘徊踱步于窗口前询问开船的准确时间，等待时间的不确定性和信息发布的不顺畅性极易引起游客不满。实际上随着旅游大众化、个性化时代的来临，旅游目的地旅游交通信息的及时发布尤为重要。但目前停航情况出现后，往往只能在长岛港的官方微信公众号上看到一句简单的停航通知，对天气的变化情况和可能的预计通航恢复情况等信息均未能及时发布，与游客缺乏交流。在这种情况下，游客无法重新安排规划自己的行程，只能在候船厅不停询问工作人员和相互传递所谓的最新消息，引发各种无端猜测，大大影响了游客对目的地的印象。

### （二）公共交通供给不足

长岛部分道路承担着旅游交通与通勤交通的双重压力，在旅游旺季短时大量交通出行需求会造成交通拥堵进而导致部分区段（点）游客滞留，降低游客满意度。另外现有公共交通存在明显的供给不足问题，旅游专用公交车等待时间较长，部分线路公交班次之间间隔超过四十分钟。由于班次少、覆盖率低、运力不足、路线覆盖不足导致死角较多等问题，游客对公共交通的选择较少，很多时候仍要靠“黑车”等非法营运车辆来满足需

求。目前旅游交通已经由“走得了”向“走得好”升级，更安全、更舒适、更快捷、更经济越来越成为游客对交通服务的新需求。可见，如何合理配置交通设施使现有资源最大化利用，如何在有限的交通资源上合理统筹规划以满足多样化交通需求，对于长岛来说是亟待解决的问题。

### （三）“黑车”现象仍普遍存在

长岛“黑车”目前主要包括两部分，一部分是未获得运营许可的私家车辆私自载客，另一部分则是不打表乱收费的正规出租车辆。“黑车”问题是长岛的旅游交通体系中的“老大难”问题，非法营运的存在有许多现实的社会原因。一方面，由于岛上就业压力较大，对旅游业的依赖性很强，经营渔家乐的业主存在手中有钱无处投资的情况，加上公共交通运力不足，游客表现出旺盛的现实需求，使人们认为无证经营短平快、“黑车”是“致富”捷径，因此很多渔家乐经营者往往自己直接经营“黑车”或者帮相熟的“黑车”司机揽客。另外，长岛的出租车不打表计价也有一定的历史原因，长岛旅游发展初期游客数量有限，许多出租车面临送客后空车返程的运营空当，出租车行业效益很差。当时长岛政府交通部门与物价部门共同商议，出租车在载客至九丈崖等景区时可不必打表计价，在游客允许的范围内增收车费 15% 左右的运营空当补偿费用，很多司机到现在还保留着这个习惯。即便政府加大了宣传教育力度，即便被执法人员发现会面临罚款甚至暂停营运或吊销执照的处罚，长岛的“黑车”现象仍屡禁不止，要想真正解决这个问题必须多种手段齐下、多部门共同治理。

### （四）指引标识不明，交通管理规范化有待加强

旅游交通指引标识系统是沟通人、车、路的纽带，若指引标识系统不完善，就会产生“交通陷阱”和帮“倒忙”等问题。长岛地区部分交通指引标识存在不明晰问题。一方面是实际情况与牌面信息不统一。在实地调研中我们发现部分公交站牌信息有误，实际通车但站牌却没有标识该路公交信息，或实际公交路线已经修改不再经过该路段，但站牌信息并未及时更改，使游客白白浪费时间等待，给游客造成不便。另一方面是信息选取的连续性、层次性较差。现有的旅游交通指引标识信息缺乏层次，没有形成合理的分级体系；路网中部分指引标识存在中断或突变，导致指路系统

不连续，引起旅游者对选择路线的怀疑。再者，牌面图案及标识不甚规范，中英文对照形式不规范。

### （五）慢行系统建设人性化设计不足

长岛环岛慢行旅游服务系统工程到目前已累计投资达 1.39 亿元，是南北长山岛综合交通运输体系的重要组成部分，也是串联岛上各个景区和景区内通行的主要道路系统。但是目前慢行系统仅仅实现了功能上的简单联系，人性化设计体现不足。所谓人性化设计是指在设计时，为了满足游客的舒适、方便等要求，结合游客共有的生理、心理特征以及行为习惯、思维方式等因素，对于原设计在实现基本功能的基础上进行合理优化，以满足用户心理、生理以及精神的追求。目前长岛慢行系统中，部分路段由于与游客出行习惯不太统一，使用率较低，通行度不高；部分慢行节点处缺少休憩座椅和雨棚等设施，造成游人休息不便和无法暂时躲避恶劣天气的侵袭；原有规划设计的多处休憩驿站空有设施没有运营，造成游人购买商品不便。以上问题都反映出长岛慢行系统的人性化设计还存在不足，需要改进。

### （六）部分路段设计不合理，与游客偏好不匹配

游客在海岛型目的地旅游，多数喜欢沿海岸线通行并欣赏海岛风光，但是受地质地貌等条件的限制，长岛部分海岸线不具备通行条件，无法形成完整的环岛路线。部分冒险型游客自行探索道路并通行，不仅存在一定的安全隐患，也给景区管理带来更多困难。另外，通过调查发现，部分景区山体间的道路与游客通行需求和偏好不符，使用率较低，路段设计合理性还需增强。

## 四　建议

随着景区交通规划治理问题的日益复杂，传统治理措施已很难达到原有预期效果。因此推动以长岛为代表的海岛型景区交通服务体系的现代化治理是提升游客满意度和促进景区高质量发展的必要之举。许云飞等[①]认为

① 许云飞、金小平、曹更永：《现代化和交通现代化研究》，《理论与现代化》2013 年第 3 期，第 16～23 页。

交通现代化的内涵是与基本实现现代化的社会经济相适应的交通发展状态和交通发展过程；交通现代化的愿景是形成能力充分、衔接顺畅、组织协调、运行高效、服务优质、技术先进、安全环保的交通运输系统，全面适应经济社会现代化发展的需要，为用户提供安全、高效、便捷、舒适、经济、可靠以及多样化、人性化的运输服务。在此基础上，新时代的交通现代化发展更重视以人为本、安全、低碳节能和可持续发展等理念，景区交通现代化治理出于保护生态环境、提升游客体验等目标考虑也应重视这些理念，由此对长岛的交通服务体系提出如下几点建议。

## （一）加强智慧平台建设，及时发布信息

如果一地的旅游景区能够形成由旅游咨询集散中心服务、旅游热线服务、旅游公共网络信息服务、旅游导引标识和宣传服务组成的旅游交通信息服务体系，该地游客将能获得及时便捷的信息，出行也会更机动灵活。为了适应提供便捷准确交通服务的要求，建议采用由实时监控系统、智能导引系统等构成的综合智能化管理系统来提升服务和管理水平。该系统要通过实时监控系统对整个交通系统中游客的分布情况实现实时掌控，并及时采取分流等措施加强旅游旺季对游客的疏导与管理。同时对游客实现信息共享和公开，帮助自助游客更好地规划行程。第一，考虑到手机应用的普及性，建议推出基于 Android 操作系统的手机应用终端，为游客提供各种实时在线服务。第二，在交通枢纽、重要景区（点）、城市广场等游客较为集中的场所，设立公共信息发布中心，通过电子公告牌等设备及时向大众发布各种交通信息。同时充分利用电视媒体、网站、手机 App、微信公众号等，将预计通行时间告知游客，游客可以根据各个景点的通行状况规划自身行程。第三，充分利用大数据，实现诸如公安交管数据、网络地图数据、游客出行数据等多部门的数据融合共享，通过多渠道大数据的综合分析与管理，实现对长岛的高端智能化动态管理。

## （二）加强慢行系统建设

从交通方式特点来看，步行一般适合短距离（1～2 公里）的出行，或作为其他交通方式的辅助形式；自行车在短程出行中的明显优势，以及自行车的灵活方便、无污染性决定了自行车仍然是一种重要的交通工具。但

其也存在长距离出行的不适性（慢速、高消耗体能）问题，因此自行车比较合适的出行距离在3~4公里。在长岛慢行系统规划中，南岛沿海环线总长约为18.27公里，北岛沿海环线总长约为13.34公里，其中各个换乘点之间的距离多在2~3公里，对游客而言最为舒适和便捷的交通方式应是自行车和电瓶车，完全步行对多数游客来说会较为劳累。因此将电瓶车与自行车作为长岛慢行系统的主要交通方式，将旅游巴士直通主景区作为补充，加强对游客的实时监控，对班次进行动态调整。在各个换乘点设立电子布告牌，精确标明电瓶车预计到达时间。电瓶车通行频次可根据游客数量进行动态调整，如旺季可每15分钟一班，淡季可每30分钟或每小时一班。在自行车租赁方面，加大对共享单车的投入，方便游客出行。除了单人自行车之外，可增添双人自行车和三人自行车作为补充，力使骑行过程舒适和充满情趣。

### （三）引导私人车辆规范进入服务平台

长岛“黑车”屡禁不止，根本上讲有两个主要的原因：一个是管理制度存在缺陷；另一个则往往是景区自身软硬件配套不足。从目前来看，各地在治理类似情况时，多采取联合治理的方式，参与管理的部门很多，却都不是第一责任人，容易出现管理缺位。如果将治理与政绩挂钩，并将责任落实到每一个具体的人，情况应该会有所改变。但是，管理只是治标，要治本还得从挤压他们的生存空间入手。因此，长岛政府一方面要加强黑车打击力度，提高罚款比例和加大抽查频次，杜绝“人情”通融等；另一方面要通过设立补贴、加强宣传等措施积极引导、鼓励当地车辆加入“滴滴出行”“花小猪打车”等规范网约车服务平台。这样，当地岛民可根据自己情况安排接单时间，享受多劳多得、公平公正的派单机制，不论是用空闲时间赚一份“外快”，还是想为家庭增加一份收入保障都可以实现。同时，可以通过网约车随时随地叫车来对部分地区公交覆盖少、班次稀疏问题进行缓解。

### （四）加强交通高峰时期车辆“游居”分流

长岛道路交通比较复杂，路口行人横向干扰严重，加之公交车专用路权无法得到保证，公交车与其他车辆在路上拥堵的情况时有发生。另外每年 5 月至 10 月是长岛旅游的高峰期，需要对高峰期游人和居民交通进行适时分流。首先，在重要交通道口可以发布分流管制公告，引导车辆分流。其次，通过将城市公共交通引导至其他道路或者从外围穿行，可以有效减少交通流量叠加带来的不良影响。长岛旅游交通道路体系中使用最为频繁、与城市公共交通叠加最密集的部分是长岛港所在的海滨路，另外沿海滨路 - 通海路 - 文化街通往林海峰山景区的前半部分城市道路，未来可通过空间分流的方式在旺季引导城市公共交通走辅助外围道路，适当缓解交通拥堵情况。在旅游旺季结束后可恢复公共交通原有运营线路，缓解交通设施刚性供给的问题。最后，通过出行时间的统筹和旅游线路的优化，错开旅游交通与通勤交通的高峰期，从而缓解交通压力。目前来看旺季期间，游客上岛时间较为集中的 8 点到 9 点和离岛时间较为集中的 16 点到 17 点与居民上下班的高峰期有部分重叠，未来可对团队游客加强引导，错开上下班高峰期上岛和离岛，缓解最为拥堵的海滨路的交通压力；对自助游游客通过微信公众号消息推送、电视电台广播宣传、旅游和交通网站消息发布、志愿者道路疏导分流等方式引导旅游交通高峰期和城市公共交通高峰期的错峰，从而适当缓解交通压力。

### （五）改善游客体验，加强游客引导

交通与旅游融为一体是景区交通组织优化的目标之一，从而可以最大限度地改善游客旅游体验。美化道路两旁景观，使游客可以欣赏沿途的美丽风景；降低行驶速度，使游客可以静下心感受自然风光。当景区交通过程演变成旅游的一部分时，游客的旅游体验会更佳。因此，一要完善标志导引系统的建设，重视旅游信息的实时提供，并从其他地区的交通运营中吸取经验教训。二要秉承“引导游客是关键”的原则，转变服务观念，而不是通过强硬的禁止等行政化命令实现系统运营。例如，很多地区慢行系统建设中都忽视了防晒问题，慢行道两旁树木低矮，无法遮阴，供游客小憩的休闲长凳温度很高，根本无法使用。夏季是长岛的旅游旺季，如果慢行道直接暴露在阳光的暴晒下，试问有几位游客愿意在这样的环境中慢行？因此要从游客的角度出发，加强人性化设计，提高利用率。三要在交通枢纽、重要景区（点）、城市广场等游客较为集中的场所，建立符合国家规范的公共标识体系和数字化解说体系，让游客可以更加便利地现场制订和更

改旅游行程计划，实现多样化旅游线路选择。

### （六）共享交通资源，提高资源利用率

随着“旅游+”概念在长岛各行各业的不断深入，这个旅游小城正在不断追求全面发展，城市旅游交通的运营也将趋于常态化。城市与景区重合区域旅游交通与日常交通可以适宜共享，景点与城市生活区、商贸区相距较近可以适宜融合，通过媒体矩阵及时的信息播报和灵活的道路限行、线路调整等组织方式，调节运输能力以满足游客和当地居民在不同时段下的交通需求，以便最大化利用资源。网约车与分时租赁能够很好地分担传统交通方式的压力，提高小汽车利用率；共享单车能够很好地解决“最后一公里”交通问题，在城市交通系统中扮演积极角色。通过共享交通与传统交通方式的组合，形成多样化的交通出行体系，提高交通资源利用率，保障城市交通系统有序运行。

### （七）交通设施供给标准进行季节性变化

交通需求在旅游季节性变化下形成周期性、波动性特点，进一步细分可分为弹性需求、刚性需求和临时需求三部分。弹性需求为高峰月与低谷月日均接待量的差值，刚性需求为低谷月日均接待量，临时需求则为最高峰日接待量与高峰月日均接待量的差值。长岛每年的旅游旺季在6~8月，其后“十一”黄金周会迎来一个小高峰，随后完全进入淡季。游客接待量岛内各景区也不一致，九丈崖景区游客数量最多，月牙湾、林海峰山其次，仙境源游客数量相对最少。因此，为了保证交通设施能够切实可用，可通过合理的设施供给策略，以满足刚性、弹性和部分临时需求。可在九丈崖景区根据空间大小提升最高峰日设计游客接待量，加大设施供给；其余几个景区主要为临时需求部分，可通过交通疏导组织、外部接驳换乘等临时措施满足。

## 五　结论与讨论

本文以我国北方典型的海岛型景区——山东长岛的交通服务体系为例，对其存在的主要问题进行了分析。从中可以看出，长岛虽能以多样的生物

资源、秀丽的自然风光每年吸引着国内外游客前往，但交通信息不畅、供给不足、标识不明、缺乏人性化设计与体验感等方面，都是制约其旅游进一步发展的因素。新时代的来临对旅游交通提出了更高的要求，游客出行在对道路通畅度、景点可达性、公共交通供给等方面持续保持高需求外，对个性体验、人性化服务、“智慧互联”，甚至是能向个体的云终端提供全面的交通指引和指示标识等服务的“云交通”更加重视。因此景区交通的治理规划如不能及时跟上现代化的需要、追赶现代化的浪潮，完全有可能被疫情之后发展向好的旅游业排除出局。如果能在合理规划交通设施基础上在智慧交通、人性化交通设计、注重游客体验几方面做出调整与改善，那么北方海岛旅游业的发展或许会迈上一个新台阶，为海岛型目的地交通问题的解决提供有效参考方法。

本文尽管就长岛地区景区交通服务体系有针对性地给出了现代化治理水平提升建议，但针对客流量等定点、定时的更有说服力的具体测量数值相对缺乏，使得就此开展的服务体系优化研究精度有待提高，未来为使研究向纵深发展可建立数学模型进行详细测算。

# 海洋生态与海洋环境

中国海洋社会学研究
2021 年卷　总第 9 期
第 167 ~ 177 页


# 海洋酸化的机理、影响及其治理对策*

## ——基于研究文献的解读

王书明　王甘雨**

**摘　要：**海洋酸化已成为具有全球性影响的重大环境问题。目前学界的研究主要集中于海洋酸化产生的机理、影响和治理对策三个方面。第一，工业革命后 $CO_2$ 过度排放是海洋酸化的主要原因，海风、上升流等自然因素也起到了一定助推作用。第二，海洋酸化使海洋化学环境发生改变，威胁到海洋生物的生存和生态系统的稳定，渔业、旅游业、食物安全和基础设施安全也受到明显冲击。第三，研究提出的治理对策包括：（一）要以科学研究为支撑，提升对海洋酸化的本质性和规律性认知与应对能力；（二）通过嵌入式策略构建海洋酸化全球治理的制度；（三）在应对实践中推行“保护、减缓、适应”的策略，因地制宜地采取治理措施。从社会学的视角来看，海洋酸化理应是社会学拓展新边界、创新思想与范式的重要问题域。

**关键词：**海洋酸化　海洋环境治理　社会学

---

* 本文系山东省社科规划重点项目“山东半岛蓝黄经济区生态文明建设研究”（项目编号：12BSHJ06）、山东省社科规划重点项目·习近平新时代中国特色社会主义思想研究专项“习近平新时代生态文明建设思想研究”（项目编号：18BXSXJ25）的阶段性成果。

** 王书明，中国海洋大学国际事务与公共管理学院教授，主要研究方向为海洋社会学与海洋政策研究、环境社会学与生态文明建设研究；王甘雨，中国海洋大学国际事务与公共管理学院社会学专业硕士研究生，主要研究方向为海洋社会学、环境社会学。

世界上只有一片海洋[①]，因此，一个海洋原则、人海和谐原则成为海洋环境保护的重要原则[②]。海洋健康至关重要，海洋对于保障全球粮食安全和人类健康、促进经济社会发展、消除贫困以及遏制气候变化等都具有重要意义，但人为活动诱发的海洋酸化使得海洋生态持续退化，海洋对生态系统和人类社会的支持能力受到严重削弱。[③] 海洋酸化已成为覆盖全部海域、影响海洋健康的巨大环境问题。

自工业革命后，人类活动日益频繁，由此产生的巨量 $CO_2$ 不断累积，造成了温室效应的同时，也带来了海洋酸化问题。有研究预计，海洋环境的极端酸性状态在 22 世纪即会到来。[④] 海洋吸收大气中的 $CO_2$，导致海水 pH 值与碳酸钙饱和度降低，这一过程即为海洋酸化。[⑤⑥] 海洋酸化会导致海洋系统内化学环境改变，影响众多海洋生物的生命过程，带来海洋生态系统的不可逆性变化，甚至影响到海洋生态平衡及其服务功能。[⑦] 这一全球性海洋环境问题日益受到重视，但目前海洋酸化议题依然处于初步探索阶段，且研究成果以自然科学为主，社会科学对此关注较少，主要集中在法学、经济学等学科。本文以社会学视角对海洋酸化的机理、影响和治理对策进行梳理，以期为今后研究提供参考。

## 一　海洋何以酸化？有何影响？

### （一）海洋酸化的机理

海洋表层水体自然呈弱碱性，pH 值约为 8.1，长期以来这种稳定的化学环境维持着海洋生态系统的平衡。[⑧] 然而自工业革命开始，工农业生产加

① 《海洋大会》，https://www.un.org/zh/conf/ocean/，最后访问日期：2021 年 2 月 4 日。

② 王书明、梁芳：《联合国环境软法的哲学理念及其向海洋领域的拓展》，《海洋开发与管理》2008 年第 3 期。

③ 《海洋大会》，https://www.un.org/zh/conf/ocean/，最后访问日期：2021 年 2 月 4 日。

④ 陈清华、彭海君：《海洋酸化的生态危害研究进展》，《科技导报》2009 年第 19 期。

⑤ 曲宝晓、宋金明、李学刚：《海洋酸化之时间序列研究进展》，《海洋通报》2020 年第 3 期。

⑥ 肖钲霖、高众勇、孙恒：《南大洋表层海水酸化研究进展》，《极地研究》2016 年第 3 期。

⑦ 唐启升等：《海洋酸化及其与海洋生物及生态系统的关系》，《科学通报》2013 年第 14 期。

⑧ 徐雪梅、吴金浩、刘鹏飞：《中国海洋酸化及生态效应的研究进展》，《水产科学》2016 年第 6 期。

快，同时伴随着化石燃料过度燃烧、森林砍伐等一系列不合理的人类活动，大气中 $CO_2$浓度攀升幅度已超过 120ppm，且目前仍处于持续上升的态势。[①] 作为吸收和储存 $CO_2$的重要碳汇，海洋吸收了工业革命以来人类活动释放的 1/3 以上的 $CO_2$[②]，弱酸性的 $CO_2$通过海气交换进入海洋，打破了海水碳酸盐体系原有的化学平衡，海水化学性质发生改变[③]，弱碱性状态被破坏，酸度持续增加。受海风影响，$CO_2$逐渐从海洋表层扩散至海底各个角落。[④] 若目前 $CO_2$的排放速度得不到有效遏制，到 2100 年海水平均 pH 值会降至 7.8，海水酸度将会比现在增加至少 90%，这不仅严重威胁着海洋生物的生存，也将诱发海洋生态系统的崩溃，甚至会给人类乃至地球上所有生命带来巨大危机。[⑤] 持续变酸的海洋环境引起了学界关注，2003 年，“海洋酸化”术语第一次出现于《自然》杂志；2005 年，詹姆斯·内休斯深入阐述了这一问题可能带来的严重后果；2012 年，欧美研究证明，当前海洋酸化的速度正值 3 亿年来最快[⑥]，应对海洋酸化的紧迫性显露出来。日益深化的科学研究表明，强度不断加大的人为活动正逐步成为海洋酸化的主要驱动因素，水体无机碳含量持续升高，海洋自身调节 pH 值的缓冲能力降低[⑦]，除此之外，由气候变化引起的温度变化、海流变化以及生物活动变化等也是重要诱发因素，部分海域存在的缺氧、升温问题也有可能与海洋酸化协同作用，使酸化问题更为严峻[⑧]。总体来看，海洋酸化问题深受人类活动影响，自然因素在某种程度上也起到了一定助推作用。

### （二）海洋生物及生态系统的响应

海洋酸化使海水中的化学成分发生改变，海洋生物乃至海洋生态系统

---

① 曲宝晓、宋金明、李学刚：《海洋酸化之时间序列研究进展》，《海洋通报》2020 年第 3 期。

② 荆珍：《海洋酸化问题的国际治理》，《哈尔滨商业大学学报》（社会科学版）2014 年第 1 期。

③ 张海波等：《海洋酸化对渔业资源的影响研究综述》，《环境科学与技术》2019 年第 S1 期。

④ 荆珍：《海洋酸化问题的国际治理》，《哈尔滨商业大学学报》（社会科学版）2014 年第 1 期。

⑤ 钟丽娟：《正在加速变酸的海洋》，《生态经济》2015 年第 11 期。

⑥ 荆珍：《海洋酸化问题的国际治理》，《哈尔滨商业大学学报》（社会科学版）2014 年第 1 期。

⑦ 曲宝晓、宋金明、李学刚：《海洋酸化之时间序列研究进展》，《海洋通报》2020 年第 3 期。

⑧ 肖钲霖、高众勇、孙恒：《南大洋表层海水酸化研究进展》，《极地研究》2016 年第 3 期。

都将因此受到直接或间接的影响。[①] 从直接影响来看，对于酸碱度平衡能力较差的生物，如软体动物，酸化的海水使渗透压发生变化，它们会因无法适应而出现细胞破裂、损伤等情况，身体机能由此受到损害，甚至死亡；对于大多数海洋生物而言，为适应 pH 值变化，它们长期处于反馈补偿性代谢之中，从某种意义上即为自杀[②]；海洋酸化还会通过雌激素受体、免疫防御基因表达等方式影响免疫系统的功能发挥，对海洋生物的正常生长产生威胁[③]。从间接影响来看，海水变酸使生物的钙化作用受到影响，表现最为明显的是珊瑚，其钙化率下降，死亡率上升，生态系统遭到破坏[④]；无机碳浓度的变化不利于海洋浮游植物光合作用的进行[⑤]，二甲基硫的释放量也因此减少，无法充分反射太阳光，使得深海物种繁衍受到一定影响[⑥]。不过并非所有物种都对逐渐酸化的海洋呈现消极响应，对于某些硅藻类来说，高浓度的 $CO_2$ 反而会促进其生长，而且在光能不足时这种促进效应尤为明显。[⑦] 海洋酸化不是一个独立的过程，除影响到海洋生物的个体生存、种类、分布等，它也同自然界其他因素共同作用，通过生物、物理、化学过程等产生相应的连锁反应，进而使整个海洋生态系统受到影响，由此带来的生态失衡现象已经在某些海域有所体现。酸化整体上对海洋所有区域都有影响，但呈现不均匀分布，部分海域表现得更为明显，如极地水域将最先出现因碳酸盐离子浓度降低而影响生物生长的情况[⑧]，其低盐、低温、风速极大的特点使海水吸收 $CO_2$ 的能力更强，导致海水酸化情况更加严峻[⑨]；而对于近岸海域来说，海水还受到陆源输入、物理过程和生物活动影响，生态系统运转机制复杂多样，pH 值呈现较大变化幅度[⑩]，有些海域环境较

---

① 肖钲霖、高众勇、孙恒：《南大洋表层海水酸化研究进展》，《极地研究》2016 年第 3 期。

② 钟丽娟：《正在加速变酸的海洋》，《生态经济》2015 年第 11 期。

③ 许友卿、刘永强、丁兆坤：《海洋酸化对水生动物免疫系统的影响及机理》，《水产科学》2017 年第 2 期。

④ 钟丽娟：《正在加速变酸的海洋》，《生态经济》2015 年第 11 期。

⑤ 栾学泉、苏忠亮：《海洋藻类对海洋酸化响应的研究进展》，《山东化工》2015 年第 15 期。

⑥ 钟丽娟：《正在加速变酸的海洋》，《生态经济》2015 年第 11 期。

⑦ 高坤山：《海洋酸化正负效应：藻类的生理学响应》，《厦门大学学报》（自然科学版）2011 年第 2 期。

⑧ 荆珍：《海洋酸化问题的国际治理》，《哈尔滨商业大学学报》（社会科学版）2014 年第 1 期。

⑨ 肖钲霖、高众勇、孙恒：《南大洋表层海水酸化研究进展》，《极地研究》2016 年第 3 期。

⑩ 唐启升等：《海洋酸化及其与海洋生物及生态系统的关系》，《科学通报》2013 年第 14 期。

为敏感和脆弱，如我国的渤海、黄海，其海水酸化与贫氧耦合，赤潮等水体污染问题更是加剧了这一情况，对沿海生态系统的稳定性造成巨大威胁[①]。可以看到，多种因素所诱发的海洋酸化，带来的影响具有高度复杂性与不确定性，为海洋生物的生存和生态系统的运转带来严重后果，理应多学科参与、全方位研究各种因素间的关系及其带来的不利影响。

### （三）经济社会面临的新挑战

海洋酸化对经济社会发展带来的挑战是多方面的，其中渔业、旅游业、食物安全和基础设施安全将受到最为明显的冲击。首先，海洋酸化对生物的负面作用可沿食物链网传递，不利于海洋渔业的健康发展。[②] 根据预测，到2050年，世界上主要海域的渔业捕捞能力将比当前下降20%～30%。[③] 鱼类在海洋渔业资源中比重很大，面对日益酸化的海洋，来不及调整酸碱平衡调节机能或进化出特殊繁殖策略的鱼类，很有可能最终灭绝；贝类具有极高的生态效益与经济价值，如果海洋酸化得不到控制，或许会在生态和经济方面遭受双重损失。[④] 不过也有部分海域可能对海洋酸化做出积极响应，有推测认为，高纬度地区的捕鱼业及水产养殖业会得到一定发展。[⑤] 但总体来看，在海洋生态系统稳定性受到冲击的大背景下，海洋酸化对海洋渔业的影响一定是弊大于利的。其次，海洋酸化也可能影响到沿海旅游业，以珊瑚礁旅游业为代表。珊瑚礁是海洋生物的重要栖息地，也是滨海旅游的理想场所[⑥]，海洋酸化将会带来生态系统退化、生物多样性减少、生态景观及观赏价值降低等后果，从而对珊瑚礁等旅游业产生严重的负面影响。据估计，每年由此造成的经济损失可能达百亿美元[⑦]，沿海旅游业对于全球

---

① 徐雪梅、吴金浩、刘鹏飞：《中国海洋酸化及生态效应的研究进展》，《水产科学》2016年第6期。

② 徐雪梅、吴金浩、刘鹏飞：《中国海洋酸化及生态效应的研究进展》，《水产科学》2016年第6期。

③ 钟丽娟：《正在加速变酸的海洋》，《生态经济》2015年第11期。

④ 张海波等：《海洋酸化对渔业资源的影响研究综述》，《环境科学与技术》2019年第S1期。

⑤ 陈希晖、王菁、邢祥娟：《气候变化与海洋酸化的政府应对及其审计问题研究》，《生态经济》2020年第3期。

⑥ 石莉、桂静、吴克勤：《海洋酸化及国际研究动态》，《海洋科学进展》2011年第1期。

⑦ 徐雪梅、吴金浩、刘鹏飞：《中国海洋酸化及生态效应的研究进展》，《水产科学》2016年第6期。

旅游业发展贡献很大，沿海旅游业的潜在威胁可能影响到全球旅游经济，甚至引发重大社会动荡。[①] 最后，海洋酸化产生的影响已渗透到人们的日常生活之中，威胁人类的食物安全和基础设施安全。食物安全始终是关系国家安全、经济发展、社会稳定的重大战略问题，据统计，近 30 年来，海洋渔业提供的动物性蛋白数量占陆地畜牧业产出总量的比重已从 1/20 增长到 1/4[②]，发挥的“替粮”作用十分显著。而海洋酸化严重影响鱼类、贝类等海洋生物的正常生长，不利于优质、安全的水产品产出，最终会影响国家粮食安全和人民健康。此外，海洋酸化也会危及海上交通网络、港口、工业设施甚至住宅等关键基础设施[③]，造成生产生活中的诸多不便，甚至威胁到社会安定。

## 二 如何应对海洋酸化？

海洋酸化的影响已经扩大到全球，成为人类社会可持续发展的重大隐患。对此，各国纷纷做出响应，目前的治理对策主要集中在三个方面，即加快推进科学研究，为海洋酸化的认知与应对提供支撑；促进相关法律制度协调运行及其与人类命运共同体理念的融合，为全球性问题的解决提供指导和保障；推行“保护、减缓、适应”的策略，因地制宜地在实际应对中将负面影响降至最低。

### （一）推进科学技术研究，提高理论认知与实际应对水平

对各国来说，海洋酸化研究都是一个新课题，海洋酸化的发生过程还需深入探索，其对海洋环境的影响有待进一步评估，有效的技术应对途径也亟待探讨。而这一切的基础，就是开展全面的科学技术研究。第一，着眼于生态系统整体，开展综合研究。海洋生态系统本身的演变与控制机制

---

① 陈希晖、王菁、邢祥娟：《气候变化与海洋酸化的政府应对及其审计问题研究》，《生态经济》2020 年第 3 期。

② 韩立民、李大海：《“蓝色粮仓”：国家粮食安全的战略保障》，《农业经济问题》2015 年第 1 期。

③ 陈希晖、王菁、邢祥娟：《气候变化与海洋酸化的政府应对及其审计问题研究》，《生态经济》2020 年第 3 期。

十分复杂，在生物因素与非生物因素的作用之下，不同区域的海洋环境经历着不同程度的变化。因此，不论是对单一物种或是对单一因素的酸化响应研究，都难以全面反映整体响应规律，各种海洋生物如何响应多重压力下的环境变化是海洋酸化研究的重要课题。[①] 第二，在做好理论研究的同时，推进实地应用研究。当前，海洋酸化研究基本上还停留在室内控制实验阶段，未来需要更多关注动态变化，加强对海洋环境的野外监测与试验[②]，以更好地推进海洋科学研究，增强我国海洋科技综合实力[③]。当前应尽快推进海洋酸化立体观测网的构建，为定量评估等工作提供基础数据，从而对海洋酸化与生态系统的影响关系进行更深入的研究，将海洋酸化议题嵌入“透明海洋”行动，以获得对海洋更加全面、完整的认识。第三，渔业资源与经济社会联系紧密，应予以特别关注。渔业资源对于推动经济发展、维护食物安全意义重大，其中碳汇渔业还具有重要生态价值，海洋酸化将通过渔业资源对经济社会产生多方面冲击，因此在科学研究中应得到足够重视。然而海洋酸化对水生动物种群以及水产养殖的影响研究尚处于起始阶段，未来应开展多层次、综合性研究，以全面掌握其影响机理，更好地保护海洋渔业资源。[④] 第四，国际社会应积极进行广泛的科研合作。部分相关项目合作已在进行，2012 年，20 余个国家的海洋学家呼吁世界各国积极支持并开展海洋酸化观测工作，欧盟委员会启动了“欧洲海洋酸化研究计划”[⑤]；2015 年中国国家海洋局也表示，希望加强与美国在近岸海洋酸化研究方面的数据共享和科研合作[⑥]。目前仍有许多项目的推进需要借助国际合作的力量，如环境恶劣、调查成本高的北冰洋。[⑦] 因此接下来应充分发挥全球观测网络和协调平台的作用，推进问题交流与成果探讨[⑧]，集合全

---

① 唐启升等：《海洋酸化及其与海洋生物及生态系统的关系》，《科学通报》2013 年第 14 期。
② 张海波等：《海洋酸化对渔业资源的影响研究综述》：《环境科学与技术》2019 年第 S1 期。
③ 吴立新等：《“透明海洋”立体观测网构建》，《科学通报》2020 年第 25 期。
④ 许友卿、刘永强、丁兆坤：《海洋酸化对水生动物免疫系统的影响及机理》，《水产科学》2017 年第 2 期。
⑤ 徐雪梅等：《中国海洋酸化及生态效应的研究进展》，《水产科学》2016 年第 6 期。
⑥ 陈希晖、王菁、邢祥娟：《气候变化与海洋酸化的政府应对及其审计问题研究》，《生态经济》2020 年第 3 期。
⑦ 祁第等：《北冰洋海洋酸化和碳循环的研究进展》，《科学通报》2018 年第 22 期。
⑧ 徐佳妮：《治理海洋酸化的国际法概况与路径选择》，《河北环境工程学院学报》2020 年第 2 期。

球科学力量探索海洋酸化的机理，共同应对全球海洋环境的新挑战。

### （二）通过嵌入式策略构建海洋酸化全球治理的制度

在世界范围内，国际环境法已逐渐成为一种解决具体环境问题的制度路径，然而对于海洋酸化问题，国际上尚无专门用以应对的新制度，因此需参考现有相关制度来解决这一问题。气候制度虽提及 $CO_2$减排，但未明确谈到海洋酸化问题；海洋污染制度的某些规定虽有助于规范海洋酸化行为，但缺乏协调性；空气污染制度虽为海洋酸化标准设计提供了示范，但主要关注硫和氮氧化物造成的空气污染问题；虽然生物多样性保护制度关注到了海洋生物，但部分规定未能明确缔约国义务；虽然海洋酸化的国际综合治理措施表现出了积极的发展态势，但其因“复杂的制度”也面临不小的挑战。[①] 在多重制度之下，流于框架性指导、缺少具体共识和措施的问题暴露出来，这将拖延海洋酸化问题的解决。[②] 从某种意义上讲，海洋酸化问题处于国际法律规制的边缘地带[③]，然而与受到广泛关注的大气一样，海洋的生态链也是全球性的[④]，海洋酸化若得不到及时、有效的应对，将在世界范围内产生不利影响。因此，从法律制度层面进行全面、明确且行之有效的建设是十分迫切的任务。一方面，要协调现有的相关法律制度以服务于海洋酸化问题的解决。鉴于目前国际上还没有应对海洋酸化问题的专门性法律制度，而制定新法律的时机又尚不成熟，法学界普遍认同，当下较为可行的对策是将其作为跨领域的环境问题来应对，对现有的国际条约、法律制度进行协调，达成统一标准以遏制海洋酸化趋势。[⑤⑥] 另一方面，要将人类命运共同体理念融入相关法律制度。随着全球化的深度加深和广度扩展，

---

① 荆珍：《海洋酸化问题的国际治理》，《哈尔滨商业大学学报》（社会科学版）2014 年第 1 期。

② 白佳玉、隋佳欣：《以构建海洋命运共同体为目标的海洋酸化国际法律规制研究》，《环境保护》2019 年第 22 期。

③ 荆珍：《海洋酸化问题的国际治理》，《哈尔滨商业大学学报》（社会科学版）2014 年第 1 期。

④ 白佳玉、隋佳欣：《以构建海洋命运共同体为目标的海洋酸化国际法律规制研究》，《环境保护》2019 年第 22 期。

⑤ 张晏瑲：《论海洋酸化对国际法的挑战》，《当代法学》2016 年第 4 期。

⑥ 徐佳妮：《治理海洋酸化的国际法概况与路径选择》，《河北环境工程学院学报》2020 年第 2 期。

当前治理规则的问题与不足逐渐暴露出来，新的治理制度亟待建立，在此背景下，人类命运共同体理念逐渐赢得国际社会的广泛认同。[①] 海洋酸化是一个全球性问题，以海洋为中心形成了一系列特殊的海缘关系与问题[②]，涉及各个国家和地区的海洋环境利益，在这一点上全人类休戚与共。因此不论是在当前的法律协调还是在未来的法律建构中，都可用人类命运共同体理念不断丰富和完善相关国际法律制度，为海洋酸化问题的解决提供依据[③]，同时也可借此加深人们对海洋与人类整体生存发展的认识，通过实践来丰富海洋命运共同体的具体内涵[④]，最终实现海洋酸化治理法律制度与命运共同体理念的融合发展。

### （三）推行“保护、减缓、适应”策略，增强实际应对能力

海洋生态系统十分复杂，不同海域受到酸化影响的阶段和程度也不尽相同，因此，对于不同海域的治理对策要结合实际情况，因地制宜地采取或保护、或减缓、或适应的策略。第一，可通过建立保护区等方式维护海洋生态环境。海洋保护区的建立将有效减少过度开发和捕捞等不合理人类活动，海洋环境各项指标能够维持在正常范围，鱼类、贝类等生物的种类和数量较为稳定，海洋生态系统能实现有效自我调节，海洋生态环境整体处于平衡状态。[⑤] 第二，要通过减少 $CO_2$ 排放、减轻富营养化等方式减缓海洋酸化趋势。减缓 $CO_2$ 排放是应对海洋酸化问题的根本之策[⑥]，对此，我国提出了发展循环经济的总体思路、基本途径等，先后推行了包括《清洁生产促进法》在内的有关法律法规，对于从源头上和生产中减少 $CO_2$ 排放、减

---

① 白佳玉、隋佳欣：《人类命运共同体理念视域中的国际海洋法治演进与发展》，《广西大学学报》（哲学社会科学版）2019 年第 4 期。

② 王书明、董兆鑫：《“海缘世界观”的理解与阐释——从西方利己主义到人类命运共同体的演化》，《山东社会科学》2020 年第 2 期。

③ 白佳玉、隋佳欣：《人类命运共同体理念视域中的国际海洋法治演进与发展》，《广西大学学报》（哲学社会科学版）2019 年第 4 期。

④ 白佳玉、隋佳欣：《以构建海洋命运共同体为目标的海洋酸化国际法律规制研究》，《环境保护》2019 年第 22 期。

⑤ 徐佳妮：《治理海洋酸化的国际法概况与路径选择》，《河北环境工程学院学报》2020 年第 2 期。

⑥ 张海波等：《海洋酸化对渔业资源的影响研究综述》，《环境科学与技术》2019 年第 S1 期。

轻水体富营养化起到了重要作用[①]。但是需要看到，减缓措施并不能避免海洋酸化带来的所有后果[②]，而且减缓措施也做不到对酸化问题的即刻终结，因为即使 $CO_2$ 排放量下降，未来几十年海水酸度还会持续增加，只有大气中 $CO_2$ 含量稳定后这种情况才会逐步停止[③]，那么在这一阶段到来之前，对海洋酸化的常态进行适应就非常必要。第三，可通过发布预警等方式适应海洋酸化。适应也即增强海洋系统的适应能力，在观察到不利影响之前主动适应，在观察到不利影响后立即做出反应，以尽可能减轻损害。[④] 受到上升流影响，美国西北部海域的酸化问题较为严重，影响到当地贝类养殖和渔业经济发展，对此有关部门制定出国家应对方案，事实证明这一方案成效良好。此后也有更多研究表明，由上升流或富营养化引起的近海酸化是可以抵御的[⑤]，预警在其中发挥了关键作用。我国近海 pH 值调控机制比较复杂，需要建立起长期的观测系统，以揭示关键海域的 pH 值变动规律，在此基础上建立起相关模型，评估海洋酸化可能对水产养殖、海洋生态系统带来的灾害，及时进行预防[⑥]，尽可能减少其造成的各种后果。

## 三　结论与讨论

社会学为什么要关注研究海洋酸化？

社会学具有“科学”与“人文”双重性格，社会的存在与演化包含于广义的“自然”的存在与演化过程中，人的社会性与自然性互相兼容、互相结合，这是社会学研究的基础。社会学不仅要研究人的社会性，以及人与人的社会关系，还要研究人与自然的关系。虽然社会学至今对此还难以

---

① 顾永强：《抑制全球海洋酸化刻不容缓》，《中国海洋报》2016 年 9 月 14 日，第 2 版。

② 徐佳妮：《治理海洋酸化的国际法概况与路径选择》，《河北环境工程学院学报》2020 年第 2 期。

③ 徐佳妮：《治理海洋酸化的国际法概况与路径选择》，《河北环境工程学院学报》2020 年第 2 期。

④ 徐佳妮：《治理海洋酸化的国际法概况与路径选择》，《河北环境工程学院学报》2020 年第 2 期。

⑤ 徐雪梅、金浩、刘鹏飞：《中国海洋酸化及生态效应的研究进展》，《水产科学》2016 年第 6 期。

⑥ 唐启升等：《海洋酸化及其与海洋生物及生态系统的关系》，《科学通报》2013 年第 14 期。

直接研究，但这是我们真正理解中国社会与世界的关键。[①] 学科边界的拓展当然不是随心所欲的虚构，而是在面向现实问题和理论问题的研究过程中实现的。海洋社会学是面向海洋世纪对社会学传统边界的最大胆的拓展，也是非常重要的拓展。

文化自信[②]、理论自信[③]与学科自信[④]是近年来中国学界的重要议题。中国社会学的文化自信、理论自信与学科自信，需要不断地进行学科创新，需要不断地冲破西方社会学的学科局限，冲破我们自己形成的学科局限，立足于中国与世界实践，“创新出新的分支学科、新的研究领域”。中国海洋社会学的产生不是偶然的，它是中国社会学与时俱进的结果，是中国社会学学科创新的一个具体表现。[⑤] 海洋酸化及其治理是跨学科的领域，当然需要自然科学的研究，以海洋酸化为中心聚集起来的社会关系链网，更需要社会学深挖。海洋酸化问题及其治理是社会学研究的重要切入点，以海洋为中心形成的人与人的社会关系以及人与自然的关系是一个综合性的“问题域”，由海洋酸化及其治理所形成的海缘关系是社会学中层理论构建与发展的资源库。这些研究可以带动海洋社会学、气候社会学、环境社会学、发展社会学等各领域的创新，促进学科交叉与融合，实现综合创新，甚至有可能对社会学学科产生质的影响。

---

① 费孝通：《试谈扩展社会学的传统界限》，《思想战线》2004 年第 5 期。

② 李伟昉：《文化自信与比较文学中国学派的创建》，《中国社会科学》2020 年第 9 期。

③ 郑杭生：《“理论自觉”与中国风格社会科学——以中国社会学为例》，《江苏社会科学》2012 年第 6 期。

④ 崔凤：《学科创新与学科自信——以中国海洋社会学的产生与发展为例》，《哈尔滨工业大学学报》（社会科学版）2020 年第 3 期。

⑤ 崔凤：《学科创新与学科自信——以中国海洋社会学的产生与发展为例》，《哈尔滨工业大学学报》（社会科学版）2020 年第 3 期。

中国海洋社会学研究
2021 年卷　总第 9 期
第 178 ~ 188 页


# “两山”理念与海洋生态文明建设：浙江样本和新使命

王建友[*]

**摘　要：**海洋生态文明建设是生态文明建设的重要组成部分。“两山”理念是指导该建设的“元理念”。“两山”理念与海洋生态文明建设是耦合关系。在“两山”理念的指引下，浙江海洋生态文明建设在制度创新、科学管理、市场化改革、以海定陆等方面走在全国前列。当下浙江还需要在实践中，完成打通“两山”理念和“人类海洋命运共同体”理念的逻辑通道的新使命，为海洋生态文明建设和全球海洋治理提供浙江样本、浙江道路、浙江经验。

**关键词：**“两山”理念　海洋生态文明建设　浙江实践

海洋生态文明是人类在实践中遵循人海和谐发展规律而创造的物质与精神成果的总和，它对促进海洋生产力发展和海洋开发健康发展具有重要意义。

## 一　海洋生态文明建设是我国生态文明建设的重要组成部分

### （一）在空间上，生态文明建设包含陆地与海洋两大生态空间，海洋是人类可持续发展的“第二空间”

从空间上看，陆海是一个整体，是人类可持续发展的两大地理空间。

---

* 王建友，男，浙江海洋大学马克思主义学院副教授，主要研究方向为海洋社会学。

基于人类的生物体结构，人类赖以生存和发展的“第一空间”无疑只能是陆地，即人类生产、生活依赖陆地提供坚实的物理依托，所以人地关系最为密切；同时，海洋占地球表面积的71%，所以地球至少从表面看应该叫作“海球”。在人类生存的陆地、大气和海洋三大环境中，海洋通过大气环流不断和陆地进行能量和水汽的交换，进而在全球范围内影响着人类环境，由此可见海洋对人类的生存和发展的重要性，其是人类可持续发展的“第二空间”。所以，2015年发布的《中共中央 国务院关于加快推进生态文明建设的意见》指出，要加强海洋资源科学开发和生态环境保护。

### （二）在海洋开发上，海洋经济（海洋开发）发展迫切需要建设海洋生态文明，走协调、可持续发展道路

海洋是资源的宝库，但人类在开发海洋资源的过程中面临着很多问题。如海洋灾害对人类生产和生活的影响越来越大，由不合理开发利用海洋资源导致的海洋环境污染日益严重、渔业资源衰竭、海洋生物栖息场所遭到破坏、生物多样性减少、温室效应导致海平面上升、海洋灾害加重等，无一不是开发海洋不注意生态环境导致的严重负面效应。

海洋经济发展与海洋资源环境保护迫切需要协调发展。习近平在主政浙江强调海洋经济发展时指出，协调发展，就是要坚持海洋产业发展与海洋资源环境保护相统一，坚持海洋经济发展与陆域经济发展相协调。加强依法治海，加强海洋生态环境保护与建设，加快治理海洋污染，努力实现资源利用集约化、海洋环境生态化，增强海洋经济可持续发展能力。正确处理海洋经济与陆域经济的关系，加大海岸地区产业布局调整力度，广泛推行清洁生产，严格控制污染排放，实现海洋经济与陆域经济的一体化发展。[①]

坚持走可持续发展的道路。海洋环境是人类生存环境的重要组成部分，是生态建设的重要内容。要树立全面的发展观，正确处理好发展海洋经济与保护海洋环境的关系、加快经济发展和社会全面进步的关系，坚持海洋经济发展规模、速度与资源环境承载能力相适应，坚持海洋资源开发利用

---

① 习近平：《干在实处 走在前列》，中共中央党校出版社，2013，第217~218页。

与海洋生态环境保护相统一，增强海洋经济可持续发展能力。[①]

要把海洋生态文明建设纳入海洋开发总布局之中，坚持开发和保护并重、污染防治和生态修复并举，科学合理开发利用海洋资源，维护海洋自然再生产能力。[②]

### （三）在保护治理上，海洋经济的陆海一体化性质，决定了陆海协同是生态文明建设的应有之义

人类作为生活在陆地、海洋、大气环境中的建构主体，其生存、发展与“三大自然空间”息息相关，四者是“生命共同体”。所以，习近平强调，在生态环境保护上，一定要树立大局观、长远观、整体观，而海洋生态文明建设、海洋生态资源保护的山海协作、陆海统筹更直接体现了这一观点。

海洋污染和陆地污染具有联动性。由于海水具有流动性、系统性、连通性、立体性等特点，加之世界海洋处在海平面之下，海洋成为容纳各种污染的公共池塘。海洋污染的主要来源为重金属、石油等工业排污污染物，尤其是这些大量的陆源污染通过地表、地下径流汇集到海洋中去。

需要加强海洋环境综合治理。综合治理就包括海陆协同。治理修复海洋环境是一件造福子孙后代的大事，各级各地要高度重视这项工作，正确处理发展海洋经济与海洋环境保护和生态建设的关系，高度重视海洋环境综合治理，加强陆域污染源的治理和控制，加强对海上生产经营活动的环境监管，加强对重大海洋、海岸工程的环境评估，实施海洋生物资源保护和生态环境修复工程。环境保护部门和海洋渔业部门要加强合作，实施海陆同步监督管理。[③]

### （四）在国际法上，海洋生态保护是濒海国家的国际义务

《联合国海洋法公约》第 192 ~ 194 条规定，各国有依据其环境政策和

---

① 习近平：《发挥海洋资源优势 建设海洋经济强省——在全省海洋经济工作会议上的讲话》，《浙江经济》2003 年第 16 期，第 10 ~ 11 页。

② 中共中央文献研究室编《习近平关于社会主义生态文明建设论述摘编》，中央文献出版社，2017，第 48 页。

③ 习近平：《干在实处 走在前列》，中共中央党校出版社，2013，第 222 页。

按照其保护和保全海洋环境的职责开发其自然资源的主权权力，同时各国有保护和保全海洋环境的义务。各国应采取一切必要措施，确保在其管辖或控制下的活动的进行不致使其他国家及其环境遭受污染的损害，并确保在其管辖或控制范围内的事件或活动所造成的污染不致扩大到其按本公约行使主权权力的区域之外。①

## 二 "两山"理念与海洋生态文明建设的耦合关系

### （一）在海洋生态文明建设中"碧海蓝天"就是"绿水青山"

浙江是"两山"理念的诞生地。从工业革命发轫以来，随着工业化、城市化的全球推进，经济发展（经济效益）与生态环境保护（生态效益、社会效益）之间的关系就是后发国家、后发地区尤其是内部差异性极大的中国，必须要面对的一个理论问题、实践问题，也是一个必须处理好的重要关系。时任浙江省委书记习近平于 2005 年 8 月在浙江湖州安吉考察时，针对当时片面追求经济发展而破坏生态环境的不可持续发展模式，提出了"绿水青山就是金山银山"的科学理念。由此，"绿水青山"被形象地指代为"生态环境保护""环境效益、社会效益"，狭义的"绿水青山"是指优质健康的生态环境及其附属产品和服务②，广义的"绿水青山"是指人类赖以生存的自然生态环境的集合③；而"金山银山"被形象地指代为"经济发展""经济效益"，即"金山银山"喻指经济发展及其基础上的社会发展，狭义上，是指物质财富创造；广义上，是指以物质条件为基础的一切社会生活条件④。因此，处理经济发展与生态环境保护之间的辩证关系，又被形象地概括为处理"金山银山"与"绿水青山"之间的辩证关系。当然，后来，"绿水青山"又被看作"资源 - 资产"，是潜在的发展优势和天然的效益。

---

① 姚莹：《东北亚区域海洋环境合作路径选择——"地中海模式"之证成》，《当代法学》2010 年第 5 期，第 133 页。

② 沈满洪：《"两山"重要思想的理论意蕴》，《浙江日报》2015 年 8 月 12 日，第 4 版。

③ 黄祖辉：《"绿水青山"转换为"金山银山"的机制和路径》，《浙江经济》2017 年第 8 期，第 11 ~ 12 页。

④ 尹怀斌、刘剑虹：《"两山"理念的伦理价值及其实践维度》，《浙江社会科学》2018 年第 7 期，第 83 页。

在海洋生态文明建设中，“碧海蓝天”就是“绿水青山”。习近平在2013年就建设海洋强国进行第八次集体学习时指出：要下决心采取措施，全力遏制海洋生态环境不断恶化趋势，让我国海洋生态环境有一个明显改观，让人民群众吃上绿色、安全、放心的海产品，享受到碧海蓝天、洁净沙滩。① 习近平在2019年又特别指出：我们要像对待生命一样关爱海洋。中国高度重视海洋生态文明建设，持续加强海洋环境污染防治，保护海洋生物多样性，实现海洋资源有序开发利用，为子孙后代留下一片碧海蓝天。②

### （二）在海洋开发中“碧海蓝天”与“金山银山”（海洋经济）的关系经历了三个阶段

“两山”理念从认识上概括了“两山”之间矛盾、辩证统一的三个发展阶段。第一个阶段：用“绿水青山”去换“金山银山”；第二个阶段：既要“金山银山”，也要保住“绿水青山”；第三个阶段：认识到“绿水青山”可以源源不断地带来“金山银山”。③

第一阶段，用“绿水青山”去换“金山银山”。在20世纪80年代，随着改革开放以及海洋渔业经营管理体制的变迁，即水产养殖业承包制、海洋捕捞业“以船核算”、放开水产品价格、发展远洋渔业等，渔业经济开始大步向前发展，人们开始造大船、闯大海、走出去。1987年，我国水产品产量突破1000万吨，1988年水产养殖业产量超过捕捞产量，1989年我国成为世界第一渔业生产大国。在海产网箱养殖与陆源排污的叠加影响下，近岸海域水质变差、富营养化。在海岛利用方面，沿海地区存在填海连岛、乱围乱垦、炸岛炸礁、采石挖砂等过度开发利用问题，造成了无序失范利用海岛资源的现状。

第二阶段，既要“金山银山”，也要保住“绿水青山”。从20世纪90年代中期开始，在我国海洋开发取得巨大成就面前，海洋生态环境付出了巨大代价：捕捞强度居高不下导致“东海无鱼”、水产品营养级下降；大

① 习近平：《进一步关心海洋认识海洋经略海洋 推动海洋强国建设不断取得新成就》，《人民日报》2013年8月1日，第1版。

② 习近平于2019年4月23日在青岛集体会见出席中国人民解放军海军成立70周年多国海军活动外方代表团团长时的讲话。

③ 习近平：《之江新语》，浙江人民出版社，2007，第186页。

量的滩涂、湿地被养殖改造，狭长的岸线被临港工业无序占用，许多适宜海洋生物资源繁衍的海湾、湿地被围海造田，导致一些珍稀海产品绝迹，尤其是修造船业导致近海海水污染加剧。痛定思痛，我国海洋开发开始向注重海洋开发与海洋生态环境保护协调发展转变。习近平在2006年舟山调研时强调：发展海洋经济，绝不能以牺牲海洋生态环境为代价，不能走先污染后治理的老路，一定要坚持开发与保护并举的方针，走可持续发展之路。

第三阶段，认识到"绿水青山"可以源源不断地带来"金山银山"，生态优势可以转化为经济优势。2010年后，"碧海蓝天就是金山银山"的理念进一步深入人心，尤其是党的十八大明确提出大力推进生态文明建设、建设海洋强国的战略部署，强调："要把海洋生态文明建设纳入海洋开发总布局之中，坚持开发和保护并重、污染防治和生态修复并举，科学合理开发利用海洋资源，维护海洋自然再生产能力。"[①]"碧海蓝天"是海洋开发花钱也买不来的公共产品，是最惠民的、最公平的公共产品。海洋开发要走因地制宜、可持续发展的海洋经济发展道路，海洋开发与海洋资源环境保护相统一，生态效益可以更好地转化为经济效益、社会效益。强调人海和谐，把"碧海蓝天"建得更美，把"金山银山"的"海洋经济"做得更大。

### （三）在理念上，"两山"理念是海洋生态文明建设的理念先导、政策指引、战略引领

"两山"理念所蕴含的"统一论""优先论""转化论"科学内涵，揭示了"绿水青山"与"金山银山"既矛盾又统一、既有侧重又不可分割、既对立又相互转化的辩证统一关系。[②] 在海洋生态文明建设上，这种关系体现在山海协作、陆海统筹的战略关系上。

2006年，习近平在中国人民大学演讲时指出，这"两座山"的意义不仅在于生态环境本身，还可以延伸到统筹城乡和区域协调发展上[③]，即生态

① 习近平：《进一步关心海洋认识海洋经略海洋 推动海洋强国建设不断取得新成就》，《人民日报》2013年8月1日，第1版。

② 郭华巍：《"两山"重要理念的科学内涵和浙江实践》，《人民论坛》2019年第4期，第40页。

③ 习近平：《干在实处 走在前列》，中共中央党校出版社，2013，第198页。

文明建设需要“山海协作”“陆海统筹”。

习近平主政浙江时，在决策区域协调发展上，倡导念好“山海经”、实施“山海协作”、大力发展海洋经济战略（八八战略之一）。[①] 强调浙江山区要重点发展生态农业、生态工业、生态旅游，海岛欠发达地区要重点发展港口开发、海洋渔业、海洋旅游业，并加强经济协作，做大做强海洋经济。推动欠发达地区以最小的代价谋求经济、社会最大限度的发展，以最小社会、经济成本保护资源和环境，走上一条科技先导型、资源节约型、生态保护型的经济发展道路。要坚持海洋产业发展与海洋环境资源保护相统一，坚持海洋经济发展与陆域经济发展相协调。正确处理海洋经济与陆域经济的关系，实现海洋经济与陆域经济的一体化发展。[②]

## 三　“两山”理念引领浙江海洋生态文明建设走在前列

### （一）以“两山”理念先行定位，用理念统领浙江海洋生态文明建设

作为拥有山海资源的海洋大省，海洋生态文明是浙江生态文明建设不可或缺的重要组成部分，而“两山”理念已成为我国生态文明建设和海洋强国战略的指导思想，这为浙江海洋生态文明建设指明了方向、提出了新要求。

“两山”理念提出 15 年以来，浙江海洋事业发展步入新的阶段。浙江坚定不移以“两山”理念为指引，全面贯彻党的十九大精神，以海洋生态保护和资源协调管控、综合统筹利用为主线，从源头上加强海洋功能区划、海域使用、科学开发与利用、无人岛管理，以制度体系建设为重点，强化海洋生态环境陆海统筹治理，优化海洋资源配置，以制度化、市场化、生态化为支撑，不断提升海洋综合管理能力，为浙江从海洋大省向海洋强省转变打下了坚实基础。

---

① “山”是指浙江的不发达地区（主要是拥有山地和丘陵等山区资源的山区，也包括拥有海洋资源的沿海不发达海岛地区），“海”是指浙江沿海发达地区。山区需要发挥山海资源优势，将不发达地区的生态资源优势转化为经济优势，这是浙江经济发展的新增长点。

② 习近平：《干在实处 走在前列》，中共中央党校出版社，2013，第 212 ~218 页。

### （二）以制度创新为保证，加强海洋生态文明建设的制度体系建设，保障“碧水蓝天”转化为“金山银山”

习近平认为，保护海洋环境，要依法进行，进行制度建设。要贯彻好《海洋环境保护法》，实施好《浙江省海洋环境保护条例》，加强海洋环境监测，强化近海海域生态环境治理，实行重点海域污染物排海总量控制，加强海洋倾废、船舶排污管理，防范突发性海洋污染事故。[①]

以编制规划强化海洋生态文明制度建设。制定了《浙江海洋资源保护与利用“十三五”规划》，对海岸线进行分等定级，实施岸线资源管控制度。组织开展浙江大陆岸线、海岛岸线和主要河口区域海河分界的勘测和测绘，编制《浙江省海岸线保护与利用规划》。编制省域海岛保护规划，各设区市编制本辖区海岛保护实施方案。

实施总量控制，深化资源科学配置与管控。按照《浙江省海洋功能区划（2011—2020年》与《海洋主体功能区规划》的管控要求，管理各类用海活动。在国家《围填海计划管理办法》《浙江省围填海计划管理实施办法》等政策性文件基础上，制定《浙江省围填海计划差别化管理暂行办法》，出台《浙江省海洋与渔业局关于加强海岸线保护与利用管理的意见》等。为保障国家重大项目加快落地，浙江公布了公益性用海审批目录，出台了建立健全重大项目用海用岛工作机制的意见，推行重大项目用海（岛）“即报即审”“专人跟进制”“咨询商议制”等制度。2015年在全国率先开展城市近岸海域海洋预报，组织实施了重点港湾、主要入海江河及主要入海排污口月度监测、月度通报制度。

构筑海洋生态安全底线。浙江在全国率先全域推进海洋生态建设示范区培育创建工作，初步形成以“一条红线四大规划”为核心的海洋资源保护与开发管控机制。2017年，浙江省发布《浙江省海洋生态建设示范区创建实施方案》，并通过全面划定的海洋生态红线，结合已有的浙江海洋功能区划、海洋主体功能区规划、海岸线保护与利用规划、海岛保护规划，构筑了浙江以“一条红线四大规划”为核心的海洋资源保护与开发管控机制。

---

① 2004年9月4日习近平同志在舟山调研时的讲话。

### （三）以重大行动为抓手，将“两山”理念落到海洋生态文明建设实处

保护、修复海洋生态。从 2013 年开始，相继启动浙江海岸线整治修复三年行动、海洋灾害应急防御三年行动、渔场修复振兴暨“一打三整治”行动，在全国首倡海洋综合行政执法体制改革创新实践试点。2016 年，在全国开先河地部署开展“幼鱼保护攻坚战”和“伏季休渔保卫战”。

开展海洋牧场建设。2001～2003 年，浙江省组建人工鱼礁建设布局规划领导小组，大规模开展人工鱼礁建设项目，有计划地开展对全省人工鱼礁建设的规划布局工作。在人工鱼礁建设基础上，实施以“增殖放流 + 人工鱼礁 + 藻场移植 + 智能网箱”为主体的海洋牧场建设，打造海洋牧场建设样板，培育“深海网箱”品牌，推动近海渔业从“猎捕型”向“农牧型”转变。

建设海洋生态保护区。2017 年，浙江在全省通过评选海洋生态建设示范区创建先进县，新建海洋特别保护区、海域综合管理创新试点城市，开展国家级海洋牧场示范区建设。目前，浙江的国家级海洋保护区数量和面积居全国首位。

### （四）以市场转化机制建设为抓手，促进“碧海蓝天”转化为“金山银山”

“两山”理念蕴含了生态优势向经济优势的“转化论”。“转化论”表明，在特定条件下“绿水青山”可以转化为“金山银山”。习近平总书记明确指出：“绿水青山和金山银山决不是对立的，关键在人，关键在思路。”①

用“招拍挂”的市场方式科学配置、管理与利用海域及无居民海岛等海洋资源。2013 年，浙江省在全国首先公布了有偿使用自然资源、支付环境保护的“对价”的省级政府规章《浙江省海域使用管理条例》和《浙江省无居民海岛开发利用管理办法》。一方面，在国内率先通过立法明确以“招拍挂”取得经营性用海的海域使用权，探索经营性项目用海出让制度改

---

① 郭华巍：《“两山”重要理念的科学内涵和浙江实践》，《人民论坛》2019 年第 4 期，第 40 页。

革，为全面建立海洋空间资源市场化配置制度奠定基础。另一方面，以招标、拍卖、挂牌等市场手段，配置有关旅游、娱乐、工业等经营性利用无居民海岛的使用权方式，并对招标、拍卖、挂牌的具体方案的内容做了明确规定。

在沿海渔村大力发展休闲渔业，进行最美渔村建设。休闲渔业是利用渔村的渔港、渔船、海水、沙滩等自然生态及环境资源，将渔村生产、生活、生态融合，并结合水产品营销及休闲等一、二、三产业形成一体的产业形态。浙江响应原农业部“最美渔村”的倡导，结合渔村渔港改造，引进外资，发展民宿业和休闲渔业。以海岛渔村为依托，结合海洋牧场等建设，利用渔村设施、渔业文化、海岛风光，注重海上、海岛协同发展、错位发展和精细化发展，促进旅游业和渔业的深度融合，建设集文化、生态、生活、和谐之美，休闲配套设施齐全的最美渔村。

### （五）以“以海定陆”为联动机制，形成陆海统筹海洋资源保护利用新格局

习近平指出：要严格保护海洋生态环境，建立健全陆海统筹的生态系统保护修复和污染防治区域联动机制。[①]

以陆海统筹谋划海洋资源保护利用。2017 年 2 月，浙江出台全面指导浙江海洋综合管理和海洋生态文明建设的《关于进一步加强海洋综合管理推进海洋生态文明建设的意见》，以生态文明建设为核心，以综合统筹、协调管控为主线，力图实现海洋经济发展与美丽海洋建设的陆海统筹。

以海定陆划定海洋生态红线。2017 年 9 月，《浙江省海洋生态红线划定方案》的正式出台，宣告浙江海洋生态红线先于陆域生态红线全面划定。这一条红线将浙江重要海洋生态功能区、生态敏感区和生态脆弱区纳入管控范围，划定海洋生态红线区总面积超过全省海域面积的 30%，重点保护重要岸线、特殊海岛、重要滨海湿地、重要自然景观与文化历史遗迹以及珍稀濒危生物物种等，并分类制定红线管控措施。

全面实施湾（滩）长制，探索构建陆海统筹、河海兼顾、上下联动、协同共治的海洋生态环境治理长效机制。浙江率先在全省沿海地区全面实

---

① 习近平于 2018 年 4 月 13 日在庆祝海南建省办经济特区 30 周年大会上的讲话。

施“滩长制”，构建党政主要领导负责的海洋生态环境保护长效管理机制，彻底改变了浙江今后的海洋生态治理格局。[①] 浙江也由此成为全国唯一的省级湾（滩）长制试点。

## 四　浙江海洋生态文明建设的新使命

浙江海洋生态文明建设的新使命，即打通“两山”理念与“海洋命运共同体”理念的逻辑通道，继续走在全国前列，为全球海洋治理提供浙江样本、浙江道路、浙江经验。

在“两山”理念的引领下，浙江海洋生态文明建设走在了全国的前列。从海洋生态文明建设来看，“两山”理念从更深、更广的层次探讨了“人海关系”的伦理构建，奠定了我国海洋生态文明建设的理论基础，探索了海洋经济发展规律，指明了海洋生态保护发展方向。在“两山”理念的引领下，浙江海洋生态文明建设取得了傲人成绩，走在了全国的前列。

习近平在 2019 年 4 月 23 日中国海军节上提出：海洋对于人类社会生存和发展具有重要意义。海洋孕育了生命、联通了世界、促进了发展。我们人类居住的这个蓝色星球，不是被海洋分割成了各个孤岛，而是被海洋联结成了命运共同体，各国人民安危与共。[②] 站在人类发展的历史长河中，可以发现人类发展经历了以陆地为家、由陆到海、“以海为途”到海陆统筹的阶段。“海洋命运共同体”理念的提出，体现了我国海洋事业发展的宏伟叙事、确定了海洋生态文明建设终极目标，重塑了海洋生态保护思想观念，树立了我国海洋生态文明建设的新的理论自觉，为我国承担海洋生态文明建设的国际义务提供了中国理念、中国声音、中国方案。而浙江作为海洋资源大省，需要在已经走在全国海洋生态文明建设前列的基础上继续努力，通过发挥浙江精神的海洋特质，打通“两山”理念与“海洋命运共同体”理念的逻辑通道，以丰富海洋生态文明建设实践，升华“两山”理念，为海洋生态文明建设和全球海洋治理提供浙江样本、浙江道路、浙江经验。

---

① 王建友：《“湾长制”是国家海洋生态环境治理新模式》，《中国海洋报》2017 年 11 月 15 日，第 2 版。

② 《习近平谈治国理政》（第三卷），外文出版社，2020，第 463 ~ 464 页。

中国海洋社会学研究
2021 年卷　总第 9 期
第 189 ~ 202 页


# 多源流理论视角下我国海洋灾害应急管理政策体系变迁研究

高启栋*

**摘　要：**我国海洋灾害应急管理政策体系依据不同时期的特征可被划分为三个时期：萌芽期，海洋气象预报预警建设起步；转折期，污染管理与预报管理并重发展；蓬勃期，应急管理政策体系持续完善。借助多源流理论分析发现，我国海洋灾害应急管理政策体系的两次变迁，均受到来自问题流、政治流、政策流的因素汇合的影响和推动，同时，两次变迁中的多源流因素的汇合分别源于问题之窗和政治之窗的开启。基于多源流理论，可以明确我国海洋灾害应急管理政策体系变迁的动力因素，从而从不同方面启示如何推进我国海洋灾害应急管理政策体系的完善。

**关键词：**应急管理　海洋灾害　政策变迁　多源流理论

## 一　引言

中国是全球遭受海洋灾害最为严重的国家之一，各类海洋灾害给沿海地区的经济社会发展以及海洋生态保护造成诸多不利影响。以 2019 年的数据为例，这一年我国各类海洋灾害造成的直接经济损失约为 117.03 亿元，

---

* 高启栋，中国海洋大学国际事务与公共管理学院行政管理专业硕士研究生，研究方向为海洋环境治理。

高于过去近 10 年的平均水平。[1] 同时在过去近 40 年（1980～2019 年），我国沿海海平面年均上升速率高于全球平均水平，约为每年 3.4 毫米。预计未来 30 年，沿海海平面将呈现加速上升趋势，将上升 51～179 毫米。[2] 随着我国海洋经济的快速发展，以及海平面的持续上升，我国沿海地区海洋灾害风险日益加剧，海洋灾害应急管理工作十分紧迫。

国外先进的海洋灾害应急管理经验表明，海洋灾害应急管理政策体系是应急管理的前提和关键。西方发达国家均建立了较为完备的海洋灾害应急管理政策体系，以详细的规定对海洋灾害应急管理工作的全过程做出了安排。健全的海洋灾害应急管理政策体系能够有效指导国家与政府相关职能部门开展海洋灾害应急管理工作，最大限度地减轻海洋灾害造成的经济、人员等各方面的损害。[3]

海洋灾害应急管理政策是国家相关职能部门基于我国海洋灾害现实情况，为降低海洋灾害危害、实现社会有序运行，制定并实施的各种相关法律、法规、条例、规章、预案等的总称。[4] 新中国成立以来，我国海洋灾害应急管理政策体系取得了长足的发展且日趋完备。但当前我国面临的日益突出的海洋灾害风险对海洋灾害应急管理政策体系提出了更高水平且紧迫的建设要求。而从政策体系变迁的时间维度看待整个海洋灾害应急管理政策体系建设的发展，将有利于深层次挖掘海洋灾害应急管理政策体系变迁过程的特征、机理和动力因素，从而进一步探求其建设完善的路径。

## 二 文献回顾

海洋灾害应急管理涉及气象、地震、环保等诸多部门的紧密合作、资源整合以及信息整合，因而各职能部门、各地方政府制定的有关政策会分

① 《2019 中国海洋灾害公报》，http://gi.mnr.gov.cn/202004/t20200430_2510979.html，最后访问日期：2021 年 4 月 13 日。

② 《2019 中国海平面公报》，http://gi.mnr.gov.cn/202004/t20200430_2510978.html，最后访问日期：2021 年 4 月 13 日。

③ 吴静：《完善我国海洋灾害应急法律制度的思考》，《知识经济》2012 年第 5 期。

④ 崔佳峦：《当前我国海洋灾害应急管理政策研究》，中国海洋大学硕士学位论文，2015。

散而不统一。[①] 当前，综合性的海洋灾害应急管理法律不健全[②]，已有的《海洋环境保护法》《突发事件应对法》在海洋灾害应急管理的综合性、专业性方面存在不足[③]。这一系列海洋灾害应急管理政策体系的不足，会影响海洋灾害应急管理中诸多部门的沟通与协作，造成职能部门之间职责分工交叉、相互推责[④]，以及央地职责划分的模糊和区域间协调管理的相互推诿[⑤]。

而这一系列的冲突与矛盾的化解亟待对现有涉及海洋灾害应急管理的法律政策的修改与补充，诸如对《宪法》《突发事件应对法》《海洋环境保护法》等中的有关法律条文的修改与补充等[⑥]，从而建立专门性的、有针对性的海洋灾害应急管理法律，构建覆盖海洋灾害应急管理全流程、全种类的应急法律体系[⑦]，为海洋灾害应急管理的全过程提供立法保障，进而规范政府行为，协调央地、府际、部门间的职能关系[⑧]。

总结来看，现有的海洋灾害应急管理政策研究主要是从规范性的视角探讨政策不足及优化路径，呈现“问题 - 建议”的研究逻辑，指出海洋灾害应急管理政策设置分散而不统一，从而导致部门之间、央地之间的职责划分模糊。因此需要通过修补现有海洋灾害应急管理法律条文来解决立法冲突与矛盾，从而构建能够有效应对全流程、全种类的海洋灾害的应急管理政策体系。可以说，现有研究对海洋灾害应急管理政策体系建设具有较大的现实意义，但是对于海洋灾害应急管理政策体系存在的问题的深层次原因的探究还较为匮乏，所得出的研究结果在学理的深刻性和系统性上较为不足。因此，只有以全局的眼光深刻认识海洋灾害应急管理政策体系所

---

① 齐平：《我国海洋灾害应急管理研究》，《海洋环境科学》2006 年第 4 期。

② 刘明：《海洋灾害应急管理的国际经验及对我国的启示》，《生态经济》2013 年第 9 期。

③ 杨振姣：《我国海洋环境突发事件应急管理中存在的问题及对策》，《山东农业大学学报》（自然科学版）2010 年第 3 期。

④ 汪艳涛、高强、金炜博：《我国海洋生态灾害应急管理体系优化研究》，《灾害学》2014 年第 4 期。

⑤ 张继平、王芳玺、顾湘：《我国海洋渔业环境保护管理机构间的协调机制探析》，《中国行政管理》2013 年第 7 期。

⑥ 刘明：《海洋灾害应急管理的国际经验及对我国的启示》，《生态经济》2013 年第 9 期。

⑦ 汪艳涛、高强、金炜博：《我国海洋生态灾害应急管理体系优化研究》，《灾害学》2014 年第 4 期。

⑧ 王琪、王学智：《浅析我国海洋环境应急管理政府协调机制——以 2008 年浒苔事件为例》，《海洋环境科学》2011 年第 2 期。

呈现的整体演进脉络，了解政策体系变迁过程中的深层次动力因素，才能系统而深刻地认识其所存在的问题及优化路径。

## 三　理论基础

从所收集整理的资料来看，我国海洋灾害应急管理政策体系随着时代的发展，呈现清晰的不同时期特征，这为海洋灾害应急管理政策体系的阶段划分奠定了基础。在不同阶段海洋灾害应急管理政策体系的演进变迁过程中，海洋灾害问题的加重、社会经济的发展、国家政治关注的流变等多重因素都发挥着驱动力的作用。但对收集整理的资料的经验感知仅仅是模糊分析，不足以打破海洋灾害应急管理政策体系变迁中多重因素及发挥效应的探究僵局。

多源流理论致力于解释模糊性条件下政策是如何制定的，为探求政策制定的背后因素提供了方向。新中国成立以来，我国海洋灾害应急管理政策体系经过长久的建设，呈现不同的阶段性变迁和发展。选取多源流理论为理论基础，以多源流理论为视角，契合明晰海洋灾害应急管理政策体系变迁中多重因素及发挥效应的研究需求。

多源流理论认为，政策过程中存在的问题源流、政策源流和政治源流三条源流对政策议程和备选方案会产生影响。问题源流指的是存在于政治社会环境中的各种社会问题，但并不是所有的问题都能够引起决策者的关注而进入政策议程中，指标、焦点时间以及一些项目的信息反馈是决策者了解问题重要性的主要途径。政策源流是指由某些政策共同体中的成员对于某一政策问题提出的多种意见和主张，政策共同体中的专家会通过散发自己的主张希冀自己的政策建议被采纳。政治源流包括国民情绪、公共舆论、执政党的更替和党派、意识形态等内容。

多源流理论认为政策的变迁依赖于以上三条源流的交汇，此交汇意味着特定的问题、政策方案与政治形势的有机结合，而三条源流的交汇的原因首先在于政策之窗的打开。[①] 政策之窗即某个关键时间点，在这个时间点

---

① 柏必成：《改革开放以来我国住房政策变迁的动力分析——以多源流理论为视角》，《公共管理学报》2010 年第 4 期。

上，三条源流汇合，特定问题被提上政策议程，政策变迁发生。政策之窗的开启可能是因为社会事件，也可能是因为政治事件，因此政策之窗具有两种类型：问题之窗和政治之窗。前者打开是由于问题源流内发生了变化，后者打开是由于政治源流内发生变化或者政治形势发生转变。[①]

## 四　我国海洋灾害应急管理政策体系变迁：三个时期

新中国成立以来，依据发展历程与特点，我国海洋灾害应急管理政策体系建设大致可以分为三个时期：一是萌芽期（20 世纪 80 年代之前），海洋气象预报预警建设起步；二是转折期（20 世纪 80 年代初至 20 世纪 90 年代末），污染管理与预报管理并重发展；三是蓬勃期（21 世纪初以来），海洋灾害应急管理政策体系持续完善。

### （一）萌芽期（20 世纪 80 年代之前）：海洋气象预报预警建设起步

新中国成立到改革开放之前，是我国海洋灾害应急管理政策体系发展的第一个阶段。此阶段的显著特征是海洋灾害应急管理政策体系建设起步，主要围绕海洋灾害应急管理流程中的前端环节，侧重于海洋气象预报预警。聚焦于海洋气象预报预警，有其当时的时代背景与需求。

从时代背景来看，新中国成立初期，国家海洋管理的核心是“海防”，核心任务是应对当时的国际情势。因此尽管 1964 年成立了国家海洋局，但是国家海洋局仅负责海洋科研调查工作，且成立之初由海军代管，具有强烈的为海防服务的特点，国家海洋管理工作并未出现大规模改革变动。[②] 国家的关注核心是海洋守卫，包括海洋灾害应急管理等在内的工作受到限制。除此之外，中国作为陆海复合型国家，人们存在的“重陆轻海”观念与传统极大地限制着海洋管理工作的发展，这种观念与传统也造就了我国海洋

① 杨志军：《从垃圾桶到多源流再到要素嵌入修正——一项公共政策研究工作的总结和探索》，《行政论坛》2018 年第 4 期。

② 王刚、宋锴业：《中国海洋环境管理体制：变迁、困境及其改革》，《中国海洋大学学报》2017 年第 2 期。

事务的“路径依赖”。[①]

从时代需求来看，20 世纪 80 年代之前，我国海洋管理体制具有“行业包干”的制度色彩，我国海洋管理从中央到地方都是根据海洋资源的属性及其产业特点分门别类地与陆地各职能部门进行一一对口管理，即陆地行业部门的管理职能向海洋领域进行延伸和拓展。[②] 我国海洋经济发展尚未大踏步前进，主要涵盖渔业等基本的行业生产方面，海洋气象预报预警的发展主要服务于当时有限的海洋行业生产需求。

**表 1　20 世纪 80 年代之前的主要海洋灾害应急管理政策**

| 年份 | 政策名称 | 来源 | 涉及内容 |
| --- | --- | --- | --- |
| 1954 年 | 《关于加强灾害性天气的预报、报警和预防工作的指示》 | 政务院 | 台风的预报、警报 |
| 1955 年 | 《关于加强防御台风工作的指示》 | 国务院 | 台风的防御、预报、警报 |
| 1958 年 | 《关于在沿海各地建立海洋水文气象台站工作的几点通知》 | 国务院 | 海洋监测设施建设安排 |
| 1959 年 | 《关于加强气象工作的通知》 | 国务院 | 海洋水文气象 |
| 1961 年 | 《关于报告自然灾害内容的通知》 | 内务部 | 水灾、风灾 |
| 1975 年 | 《关于加强海洋渔业气象服务的报告》 | 农林部 | 海洋渔业气象服务 |

注：资料整理自北大法宝以及王利国《我国海洋灾害应急管理政策研究》，中国海洋大学硕士学位论文，2012。

总结来看，受限于各种政治原因以及由于海洋开发利用落后，海洋灾害并未造成较大规模的经济损失，海洋灾害应急管理政策体系建设并未受到充分的关注，因而只有较少的海洋灾害应急管理政策出台，也主要是为了配合当时有限的海洋事业以及基础的气象信息播报工作。

### （二）转折期（20 世纪 80 年代初至 20 世纪 90 年代末）：污染管理与预报管理并重发展

20 世纪 80 年代初到 20 世纪 90 年代末，是我国海洋灾害应急管理政策体系发展的第二个阶段。此阶段的显著特征是海洋灾害应急管理政策体系

---

① 张海柱：《理念与制度变迁：新中国海洋综合管理体制变迁分析》，《当代世界与社会主义》2015 年第 6 期。

② 仲雯雯：《我国海洋管理体制的演进分析（1949～2009）》，《理论月刊》2013 年第 2 期。

出现转折，由侧重于海洋气象预报预警迈向污染管理与预报管理并重发展的阶段。海洋污染作为海洋灾害的类型之一，开始受到关注。同时，海洋预报预警的管理工作得到不断加强与规范。我国海洋灾害应急管理政策体系由萌芽期变迁到转折期，得益于多源流的因素联合作用，且问题政策之窗被打开。

**表 2　20 世纪 80 年代初至 20 世纪 90 年代末的主要海洋灾害应急管理政策**

| 年份 | 政策名称 | 来源 | 涉及内容 |
| --- | --- | --- | --- |
| 1982 年 | 《海洋环境保护法》 | 全国人大常委会 | 海岸工程、海洋石油勘探开发、陆源污染物、船舶、倾倒废弃物等的海洋环境污染损害管理 |
| 1983 年 | 《海洋石油勘探开发环境保护管理条例》 | 国务院 | 防止海洋石油勘探开发对海洋环境的污染损害 |
| 1985 年 | 《海洋倾废管理条例》 | 国务院 | 严格控制向海洋倾倒废弃物，防止对海洋环境的污染损害 |
| 1985 年 | 《海洋站测报工作制度》 | 国家海洋局 | 海洋站的管理，海洋站观测人员的管理 |
| 1990 年 | 《防治陆源污染物污染损坏海洋环境管理条例》 | 国务院 | 陆地污染源的监督管理<br>陆源污染物污染损害海洋环境的管理 |
| 1990 年 | 《中华人民共和国防治海岸工程建设项目污染损害海洋环境管理条例》 | 国务院 | 海岸工程建设项目的环境保护管理 |
| 1990 年 | 《国家海洋局关于加强预防沿岸海域赤潮灾害的通知》 | 国家海洋局 | 防范赤潮灾害 |
| 1990 年 | 《国家海洋局关于定期发布〈中国海洋环境年报〉的通报》 | 国家海洋局 | 保障预防和减轻海洋灾害的工作的正常开展、将编制中国海洋灾害公报、中国海平面公报、中国近海海域环境质量年报 |
| 1993 年 | 《海洋环境预报与海洋灾害预报警报发布管理规定》 | 国家海洋局 | 加强海洋环境预报与海洋灾害预报警报工作的管理 |
| 1995 年 | 《海洋石油勘探开发溢油应急计划编报和审批程序》 | 国家海洋局 | 溢油应急管理 |
| 1996 年 | 《全国人民代表大会常务委员会关于批准〈联合国海洋法公约〉的决定》 | 全国人大常委会 | — |
| 1996 年 | 《专项海洋环境预报服务资格证书管理办法》 | 国家海洋局 | 专项海洋环境预报服务的管理 |

注：资料整理自北大法宝以及王利国《我国海洋灾害应急管理政策研究》，中国海洋大学硕士学位论文，2012。

从问题源流来看，海洋灾害问题日益被人们关注。改革开放促使沿海地区经济总量不断攀升，经济社会等各方面迎来了快速发展，海洋产业不断延伸，诸如海洋石油开采、海岸工程建设等迅速发展，由此导致的海洋污染等海洋灾害问题逐渐浮出水面。大规模的海洋开发利用所造成的海洋环境污染、生态破坏等海洋人为灾害逐渐引起人们的重视。同时，海洋灾害对沿海地区的生产生活的影响日益显著，且造成的人员、经济损失越来越大。海洋灾害应急管理所面临的一系列日益复杂的挑战也对海洋预报预警工作提出了更高的要求，海洋预报预警的管理工作需要得到不断加强与规范。

从政策源流来看，海洋灾害应急管理的有关政策主张不断成为人们的共识。1987 年第 42 届联合国大会呼吁开展国际减灾战略行动，将 20 世纪最后 10 年确定为“国际减灾十年”。[①] 同时，在 1996 年，中国正式成为《联合国海洋法公约》的缔约国，其中有关海洋事务管理中的整体推进、注重海洋环境保护等主张和理念，在我国海洋灾害应急管理政策体系建设中被继承和发挥作用。

从政治源流来看，政治形势随着政策制定者的注意力变化而发生改变。党的十一届三中全会确立了我国新的思想路线，为我国经济社会等各方面的发展开启了新的局面，我国的海洋形势也发生了大的变化。中美建交等事件标志着我国海洋安全形势趋于缓和，海洋经贸与运输活动日益增多，我国各项海洋产业不断取得进步。[②] 改革开放后，我国海洋经济得到快速发展，政府对海洋事务的注意力显著增多，分析政府工作报告的文本也可以发现，1980 年和 1981 年其中涉及海洋事务的表述内容占比涨幅显著，高达 0.9% 和 0.76%。[③] 作为海洋事务的一部分，基于海洋事务发展的大背景，海洋灾害应急管理政策体系建设得到了发展的动力。

总结来看，我国海洋灾害应急管理政策体系建设在从第一阶段到第二阶段变迁的过程中，三条源流的交汇主要体现为改革开放，其标志和意味着政策制定者注意力的改变，经济建设成为我国工作的中心，海洋事务大

---

① 王利国：《我国海洋灾害应急管理政策研究》，中国海洋大学硕士学位论文，2012。

② 史春林、马文婷：《1978 年以来中国海洋管理体制改革：回顾与展望》，《中国软科学》2019 年第 6 期。

③ 张海柱：《理念与制度变迁：新中国海洋综合管理体制变迁分析》，《当代世界与社会主义》2015 年第 6 期。

力发展。但海洋污染等海洋灾害造成的经济等各方面的损失规模不断扩大也引起了人们的关注。加之国际对于灾害应对、海洋管理的相关政策主张也在国内得到落地实践。在此阶段，三条源流交汇也在于政治之窗的问题之窗的开启。改革开放的实施推动了社会经济的大力发展，沿海地区由于区位优势尤其得到快速发展，沿海地区对于海洋更大规模的开发和利用逐渐导致了前所未有的海洋污染等人为海洋灾害，经济规模的扩大也使得海洋灾害造成的损失规模不断扩大。一系列日益复杂的挑战对海洋预报预警工作提出了更高的要求，海洋预报预警的管理工作需要得到不断加强与规范。因此，改革开放推动了我国沿海地区经济发展，海洋灾害应急管理所面临的工作要求、灾害性质、灾害规模等呈现强烈的变化，为海洋灾害应急管理政策体系的变迁打开了机会之窗，我国海洋灾害应急管理政策体系进一步得到发展。

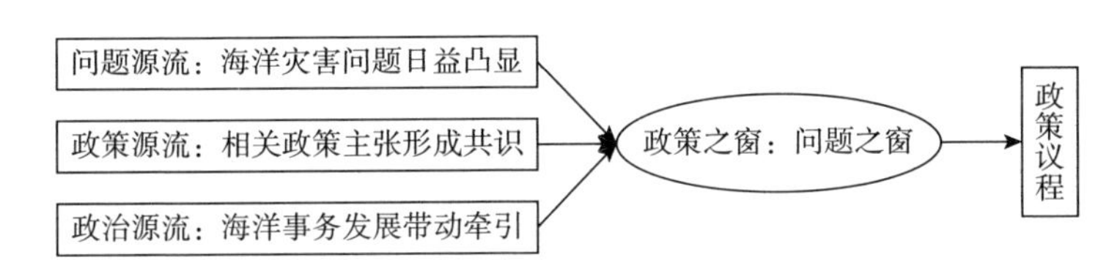


**图 1　海洋灾害应急管理政策体系的第一次变迁**

## （三）蓬勃期（21 世纪初以来）：海洋灾害应急管理政策体系持续完善

21 世纪初以来，是我国海洋灾害应急管理政策体系建设的第三个阶段。1998 年 3 月 10 日，九届全国人大一次会议通过的《关于国务院机构改革的决定》，将国家海洋局作为国土资源部的部管国家局，国家海洋局脱离国家科学技术委员会管理。1964 年成立的国家海洋局迎来了职能行使的新篇章，也为海洋灾害应急管理政策体系建设打开了新局面。此阶段的显著特征即涵盖全流程、全种类的海洋灾害应急管理政策大量出现，海洋灾害应急管理政策体系迎来蓬勃发展，进一步实现独立性，大量政策以独立完整的身份出现，政策的“应急性”得到专属体现。海洋灾害应急管理政策体系由转折期变迁到蓬勃期，同样得益于多源流因素的联合作用，以及政治政策之窗被打开。

**表 3　21 世纪初以来的主要海洋灾害应急管理政策**

| 年份 | 政策名称 | 来源 | 涉及内容 |
| --- | --- | --- | --- |
| 1999 年 | 《海洋预报业务管理暂行规定》 | 国家海洋局 | 海洋灾害预报 |
| 2001 年 | 《国家海洋局关于加强海洋赤潮预防控制治理工作的意见》 | 国家海洋局 | 海洋赤潮预防控制治理 |
| 2005 年 | 《国家海洋局关于加强海洋灾害防御工作的意见》 | 国家海洋局 | 海洋灾害防御 |
| 2005 年 | 《风暴潮、海浪、海啸和海冰灾害应急预案》 | 国家海洋局 | 海洋灾害应急预案 |
| 2006 年 | 《国家海洋局关于进一步加强海洋赤潮防灾减灾工作的通知》 | 国家海洋局 | 海洋赤潮防灾减灾 |
| 2009 年 | 《全国海洋预警报会商规定》 | 国家海洋局 | 海洋预警报会商 |
| 2009 年 | 《赤潮灾害应急预案》 | 国家海洋局 | 海洋灾害应急预案 |
| 2009 年 | 《国家海洋局关于进一步加强海洋预报减灾工作的通知》 | 国家海洋局 | 海洋预报减灾 |
| 2010 年 | 《海洋气象预报业务规定（试行）》 | 中国气象局 | 海洋气象预报 |
| 2010 年 | 《国家海洋局关于调整海啸和海冰灾害应急响应标准的通知》 | 国家海洋局 | 海洋灾害应急预案<br>海洋灾害预警报 |
| 2010 年 | 《全国海洋预警报视频会商暂行办法》 | 国家海洋局 | 海洋预警报<br>视频会商 |
| 2012 年 | 《国家海洋局办公室关于调整风暴潮灾害应急响应标准的通知》 | 国家海洋局 | 风暴潮预警 |
| 2012 年 | 《海洋观测预报管理条例》 | 国务院 | 海洋观测预报 |
| 2013 年 | 《警戒潮位核定管理办法》 | 国家海洋局 | 沿海警戒潮位核定 |
| 2013 年 | 《海洋灾情调查评估和报送规定（暂行）》 | 国家海洋局 | 海洋灾情调查收集和报送 |
| 2014 年 | 《海洋预报业务管理规定》 | 国家海洋局 | 海洋预报业务 |
| 2015 年 | 《风暴潮、海浪、海啸和海冰灾害应急预案》 | 国家海洋局 | 海洋灾害应急 |
| 2015 年 | 《风暴潮、海浪、海啸、海冰、海平面上升灾害风险评估和区划技术导则》 | 国家海洋局 | 海洋灾害风险评估和区划 |
| 2016 年 | 《海洋气象发展规划（2016～2025 年）》 | 国家发改委<br>中国气象局<br>国家海洋局 | 海洋气象 |
| 2016 年 | 《海洋观测预报及防灾减灾标准体系》 | 国家海洋局 | 海洋观测预报与防灾减灾 |
| 2016 年 | 《海洋观测预报和防灾减灾“十三五”规划》 | 国家海洋局 | 海洋观测预报和防灾减灾 |

**续表**

| 年份 | 政策名称 | 来源 | 涉及内容 |
|---|---|---|---|
| 2017 年 | 《中国近岸海域基础预报单元划分》 | 国家海洋局 | 县级海域的中国近岸海洋预报工作 |
| 2017 年 | 《全国海洋预报产品数据库系统中间交换文件规范 v2.0》 | 国家海洋局 | 海洋预报数据 |
| 2019 年 | 《海洋灾害应急预案》 | 自然资源部 | 海洋灾害应急 |

注：资料整理自北大法宝。

从问题源流来看，海洋灾害问题更加为人们所关注。一是海洋灾害造成的损害程度、规模更大。随着一系列海洋战略政策的实施，国家海上贸易发展迅速，各项海洋事业蓬勃发展，海洋经济发展不断迈向新的更高台阶，但这也使得海洋灾害造成的经济损失大幅增加。二是对于海洋灾害的危害感知更为强烈。海洋事业的发展显著提高了社会对于海洋的关注度，且信息技术的发展使得海洋灾害相关信息传播更为广泛，近些年的一些海洋灾害事件，如 2008 年青岛浒苔事件、2011 年康菲石油渤海湾漏油事件等，传播范围广，给社会带来极大震撼力。海洋关注度以及海洋灾害信息获取能力的提升，显著提高了社会对于海洋灾害风险的感知能力。

从政策源流来看，海洋灾害应急管理的有关政策主张不断涌现。一是既有的海洋环保、海洋保护政策形成经验积累，为海洋灾害应急管理政策体系变迁奠定了发展基础。二是诸如“一案三制”等应急管理的主流政策发展日趋完善和成熟，为海洋灾害应急管理政策体系的建设提供了直接的指导。三是 21 世纪以来，学界对于应急管理政策、海洋应急管理、海洋管理的研究成果日趋丰富，相关的研究内容也为海洋灾害应急管理政策体系建设提供了依据和参考。

从政治源流来看，政治形势随着政策制定者注意力的变化而发生着较大的改变。21 世纪以来，政策制定者的注意力变化主要体现在两个方面，一是对于海洋开发的注意力显著提高，以江泽民同志为核心的党的第三代中央领导集体旗帜鲜明地提出：一定要从战略高度认识海洋。党中央编制了一系列指导海洋发展的纲要性文件。1998 年的《关于国务院机构改革的决定》，将国家海洋局从由国家科学技术委员会管理调整为国土资源部的部管国家局，国家海洋局迎来了职能行使的新篇章。2002 年 11 月，党的十六大报告首次提出“实施海洋开发”的重大战略，海洋开发步入新的高度；党的十八大后，党中央提出建设海洋强国的战略目标，海洋事业发展进入全新阶段。有关研究也注意到 2004 年以后，温家宝、李克强担任国务院总理阶段，政府对于海洋事务的注意力在持续上升。[①] 作为海洋事业的一部分，海洋灾害应急管理政策体系建设受到海洋事业发展的整体带动。

二是对于应急管理建设发展的注意力显著增强。2003 年“非典”开启了我国现代应急管理体系建设工作，抗击“非典”疫情的过程暴露出我国经济社会发展和政府管理中存在的缺陷以及应急管理工作中存在的诸多薄弱环节。这推动了我国全面加强应急管理工作的建设。[②] 2003 年，党的十六届三中全会强调要建立健全各种预警和应急机制，提高政府应对突发事件和风险的能力。自此，我国开始了全面加强应急管理工作的发展建设。海洋灾害应急管理政策体系建设作为应急管理工作建设的一部分，其发展受到整体带动。

总结来看，我国海洋灾害应急管理政策体系在从第二阶段到第三阶段的变迁过程中，三条源流的交汇主要体现为 21 世纪以来，国家从战略高度拉开了海洋的大规模开发和利用的序幕，有力地推动了海洋产业经济的发展，也有力地提升了公众对于海洋的关注度。但是经济快速发展也使得海洋灾害造成的损失规模进一步扩大，加之信息社会下，海洋灾害的信息传播更为广泛、快速，公众对于海洋灾害的危害感知也更为强烈，海洋灾害应急管理政策的相关问题更为突出。而一系列突发事件推动了国家应急管理工作的整体建设步伐，海洋灾害应急管理政策体系建设作为其中的重要组成部分，同样接收到动力。

在此阶段，三条源流交汇在于政策之窗的政治之窗的开启。政治之窗的开启主要体现在两个方面，一是国家对于海洋事业的注意力的显著提高，由此，海洋灾害应急管理政策体系建设作为海洋事业发展的一部分接收到了有关动力。同时，作为海洋事业发展的保障，海洋灾害应急管理的重要性更为显著。二是国家对于应急管理工作注意力的显著提高，作为国家应急管理工作整体建设的一部分，海洋灾害应急管理政策体系建设接收到了

---

① 张海柱：《理念与制度变迁：新中国海洋综合管理体制变迁分析》，《当代世界与社会主义》2015 年第 6 期。

② 钟开斌：《回顾与前瞻：中国应急管理体系建设》，《政治学研究》2009 年第 1 期。

应急管理工作整体建设的动力。同时，作为宏观整体的应急管理工作建设也实现了对海洋灾害应急管理政策体系建设的指导。总而言之，21 世纪以来，我国对于海洋事业和应急管理工作两方面注意力的显著提高，为我国海洋灾害应急管理政策的变迁打开了机会之窗。

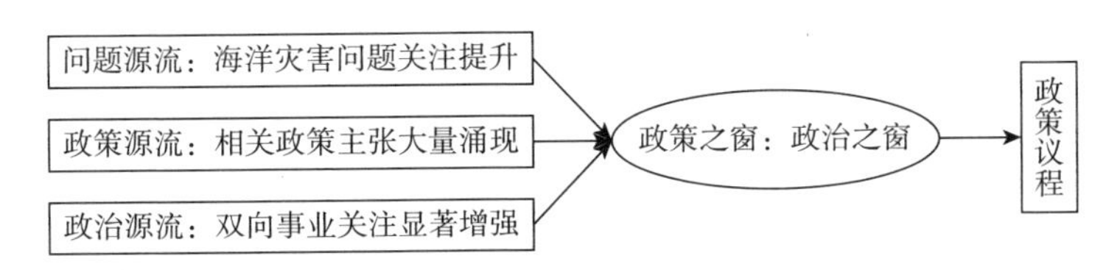


**图 2　海洋灾害应急管理政策体系第二次变迁**

## 四　总结与讨论

本文依据多源流理论对我国海洋灾害应急管理政策体系变迁进行了探究，发现问题源流、政策源流、政治源流三方面的因素为海洋灾害应急管理政策体系变迁提供了动力和机会。因此，明确我国海洋灾害应急管理政策体系变迁的动力因素，更有助于把握其变迁机会，从而推动我国海洋灾害应急管理政策体系的完善。

从问题源流来看，尽管问题的变化为海洋灾害应急管理政策体系变迁提供了机会，但是以灾害的发生或加剧等情况的出现作为海洋灾害应急管理政策体系建设的动力因素，显然过于滞后。因此就问题的变化这一动力因素而言，应该体现在对于问题意识的增强上，诸如社会对于海洋灾害问题的严重性产生更为深刻的感知、社会对于发生的海洋灾害的严重性的更深刻的了解等，即灾害学习机制。

从政策源流来看，成熟的建议方案为海洋灾害应急管理政策体系变迁提供了机会，因此这有待于政府不断探索更加可行的方案，促进相关问题的解决，也有待于相关研究者对于我国海洋灾害应急管理政策体系建设的研究。当前中国知网（CNKI）的搜索数据显示，我国海洋灾害应急管理政策体系建设的研究还较为匮乏，现实还较难为方案可行性的增强提供支持。

从政治形势的变化来看，其有赖于决策层的注意力变化，但如果单纯等待时机，则不免会使海洋灾害应急管理政策体系建设陷入停滞或被动状态。因此要善于把握国家战略、国家决策层的意见等，基于海洋灾害应急管理政策体系建设的实际情况，积极主动融入国家大政方针等的变化，以期获取政策变迁动力。

# 海洋文化交流与传播

中国海洋社会学研究
2021 年卷　总第 9 期
第 205 ~ 217 页


# 早期西方中文报刊与近现代海洋观的传播

沈庆会*

**摘　要**：19 世纪前半叶，西方人创办发行的中文报刊，在晚清时期“禁海”“禁教”的背景下以极富策略的传播方式向近代中国输入西方海洋观，成为中国人认知海洋、了解海外世界的重要媒介载体。西方海洋观的传播促进了近代中国人海洋意识的觉醒，如第一张多米诺骨牌，推动了近代中国海军的建设、海洋民族企业的创办、近代外交的建立以及现代教育的兴办，引发了中国社会变革的连锁反应。本文以 19 世纪 60 年代之前在中国产生较大影响的早期西方中文报刊为研究对象，从传播内容、传播策略、传播动机、传播效果等几个方面，考察分析西方海洋观在近代中国的传播与影响。

**关键词**：传教士　中文报刊　海洋观　海权意识　传播

近代时期西方海洋观传入中国，推动了中国传统海洋观向近现代转型，引发了中国社会翻天覆地的剧变。19 世纪前半叶由西方传教士创办发行的中文报刊为传播西方海洋观的重要媒介载体。1815 年，马礼逊、米怜发行了第一份中文报刊《察世俗每月统记传》（马六甲，1815 ~ 1821 年），自此越来越多的西方传教士、商人先在南洋一带，后又不断延伸至澳门、香港直到广州、上海等沿海城市创办中文报刊：《特选撮要每月统记传》（雅加

* 沈庆会，上海海洋大学海洋文化与法律学院副教授，研究方向为近代报刊文学、近代海洋文化交流与传播。

达，1823～1826 年）、《天下新闻》（马六甲，1828～1829 年）、《东西洋每月统记传》（广州、新加坡市，1833～1838 年）、《各国消息》（广州，1838～?）《遐迩贯珍》（香港，1853～1856 年）、《中外新报》（宁波，1857～1858 年）、《六合丛谈》（上海、日本，1857～1858 年）。这些早期中文报刊拉开了中国近代报刊业的序幕，促进了中国人海洋意识的觉醒，推动了中国社会的近现代变革。本文以 19 世纪 60 年代以前对近代中国产生较大影响的几种西方中文报刊为研究对象，从传播内容、传播策略、传播动机、传播效果等几个方面考察分析西方人在晚清“禁海”“禁教”背景之下西方海洋观的传播。在建设海洋强国的今天，这对促进中西海洋文化交流有一定的现实启发意义。

## 一　早期西方中文报刊传播海洋观的内容议程设置

19 世纪 60 年代之前，西方中文报刊传播近代海洋观主要有海洋地理新知、海洋贸易富国思想、海洋发展科学观念、海洋权力控制理念等几个方面的内容议程。

### （一）呈现东西洋世界新图景

早期西方中文报刊把天文地理、海洋知识放在刊头位置，将其作为极为重要的传播内容。在当时的科学技术条件下，航海依靠山形地物、星辰日月为引航标志。

第一份中文报刊《察世俗每月统记传》专辟“天文地理论”栏目，向中国人介绍哥白尼日心说、地球运转、日食月食等天文地理知识。《论地为行星》一文通过“人立海岸上”看“船自远方来者”“行船上来至岸者”证明地球为圆球体，列举了地理大发现时期欧洲航海家的事例力证地球为圆的以反驳地球为平地的说法。该刊连载米怜的《全地万国纪略》、麦都思的《地理便童略传》，将世界各大洲以“罗列巴列国”“亚细亚列国”“亚非利加列国”“亚默利加列国”“北亚默利加列国”等为题介绍了越南、印度、土耳其、荷兰、葡萄牙、西班牙、英国、美国等国家的疆界、范围、物产等。与地理栏目形成互补，新闻栏目的专文进一步详细介绍各国的发展形势及风土人情，向读者展现真实存在的海外世界。刊物并没有停留于简单介绍，而是进一步向读者讲述欧洲人对南北美洲、南北极、澳大利亚、太平洋岛屿等探险情况。《论亚默利加列国》一文特别赞扬了哥伦布发现美洲大陆的航海事迹，同时准确讲述了美洲“新国”美利坚合众国的地理环境及独立建国的历史。《察世俗每月统记传》虽然发行范围主要在南洋一带，读者群十分有限，但刊载的海洋地理知识还是给中国人打开了一扇了解海外世界的窗口，对今时人困惑的海洋问题给出了比较合理的解答。

《察世俗每月统记传》专辟地理专栏的做法被后来的西方中文刊物所沿用。《东西洋考每月统记传》共出版 39 期，登载地理知识的文章有 36 篇。《六合丛谈》分为 13 个专题介绍地理知识，连载于 1 卷 1 号至 2 卷 2 号的文章《地球形势大率论》《水路分界论》《洲岛论》《洋海论》《潮汐平流波涛论》等，已不仅是对地球水陆比例以及洲岛、潮汐、洋流、飓风等海洋自然现象的介绍，还试图讲解、探讨其成因。在主编传教士们的精心设计下，西方中文报刊向中国人展现了全新的海洋世界和地球全貌。

### （二）传播海洋科技发展观念

早期西方中文报刊特别强调科学对人们认识、探索海洋世界的重要作用。传教士认为“中国人类俊秀，物产之蕃庶，可置之列邦上等之伍”，在欧美人“只识泛海捕鱼，刳木为舟”之时，中国已有指南针，并制造巨船出海远航。但是当下“列邦商船，驶行迅利，天下无港无之，而中国商船，装驾钝滞，至远抵息力葛罗巴等处”，“列邦纷与火船，遇风水俱逆，每一时可行八十余里，而中国一无所有，亦无人解造”，“泰西各国，创造电器秘机，凡有所欲言，瞬息可达数千里，而中国从未闻此”①。世界海洋发展状况以及中国同世界的差距呈现在读者面前，迫使中国思考海洋科学发展的重要性与迫切性。

近代显著发展的海洋科学工具与技术在刊物中多有介绍。凡涉及近事新闻的报道，篇首几乎都会说明消息由“火轮船”送来，即蒸汽动力船。相比于当时中国仍在使用的“帆橹行船”，“火轮船”“速过于风，故视远若近，人货往来，便而且省”。“火轮船”将世界各国的距离缩短，电信的应

---

① 松浦章、内田庆市、沈国威编著：《遐迩贯珍：附解题·索引》，上海辞书出版社，2005，第 116 页。

用则将世界联结为一体。《遐迩贯珍》2 卷 1 号报道了“电气通标”的应用状况：“自英至法，由海而过，有通标一。越地中海亦有通标一。自英而印度，而合众，皆将作通标，功已垂成。”编者对中国早日吸收利用这一科技充满期待：“若能行于中国则四海一体，呼吸相通，由是天下民人，有益可以共知，有威可以相避。”《东西洋考每月统记传》道光丁酉年（1837 年）六月号中《水内匠笼图说》一文，介绍了航海潜水所用密闭式头盔和“藏人避水”的潜水箱，前者是由德国人西贝于 1819 年发明、1830 年由钢质潜水头盔改进的密闭式潜水头盔，后者是应用于打捞沉船货物的潜水器，文中还附有说明文字和画图。这类报道向读者传达了西方航海科技已由海洋表面的横向发现向纵向深处的发展探索的消息。

早期西方中文报刊登载的海洋科学虽然停留在宣传介绍的层面，其新闻传播价值远大于科学技术价值，但是透露出了编者对中国科学发展海洋的期待，让中国读者了解到西方国家在海洋事业上的迅猛发展，也激发起人们对海洋的好奇心与窥探欲。

### （三）传播海洋贸易富国思想

对来华西人而言，一个最迫切的愿望就是“中国的开放”。与中国通商为西方国家带来巨大的利益，而且中国有希望“变为一个和我们一样的自由、文明的基督教国家”[①]。早期西方中文报刊每期都登载通商贸易文章，附带经济报道或商品买卖信息，宣传西方的自由通商理念，意在否定清政府限制对外贸易的政策。

刊物中编者建议国家政府应鼓励自由通商，“诚以国无通商，民人穷乏；交易隆盛，邦家兴旺，且国而禁其买卖，民成蛮狄矣”，这里其实暗含对清政府的讥讽，在否定闭关政策的同时，还把“蛮狄”的帽子戴在了反对通商、实行公行、重征关税的清政府头上。编者指出海外贸易是货币财富的真正源泉，能使一国的货币财富增多，“惟国而通商则裕，不通商则穷也”[②]。编者还在文中的字里行间表达了对中国重农轻商、重义轻利思想的不满，如在《六合丛谈》2 卷 1 号的《小引》中，编者指出贸易活动“不

---

① 爱德华・V. 吉利克：《伯驾与中国的开放》，董少新译，广西师范大学出版社，2008，第 275 页。

② 黄时鉴：《东西洋考每月统记传》（影印本），中华书局，1997，第 301 页。

以雅俗为优劣”，反对将商业鄙视为“俗”的看法。

海洋贸易能带来巨大的商业利润，但是如何避免其中的风险呢？刊物也介绍了西方国家海外贸易的组织形式、保险方法，如《东西洋考每月统记传》刊载了《公班衙》一文，详细讲述了荷兰公班衙与英吉利公班衙的兴起和发展其实是西方国家海洋称霸的贸易战争史，内容涉及跨国公班衙组织的管理方式、贸易方式、经营方式等，都是鸦片战争前后中国人闻所未闻的海洋贸易组织形式。文章还谈及海商“贸易险中做”，建议有保举会进行担保，并介绍了保举会对商务、房屋、人寿等的担保办法，已同现代保险公司的经营范围基本一致。这些海外贸易的组织形式、经营方式对当时的中国人来说无疑是新鲜事物，对发展海洋经济、民族经济都有所启迪。

### （四）关注海域动态、宣扬海权意识

19 世纪的世界经历了近代史上一系列重大的历史事件，国家之间展开了海洋权力的扩张与角逐，世界格局处于激烈动荡之中。早期西方中文报刊以媒体特有的敏感性、新闻性报道了这些事件的发生、发展，宣扬海洋控制理念，让中国人了解中国以外的世界，看到世界海域多重力量的争夺与变迁。这从《东西洋考每月统记传》“新闻”栏中刊登“土耳其国事”“荷兰国事”已经明显能看出来。

西方早期中文报刊登载的新闻通过邮船被带到中国来，但是其并非网罗所有发生在世界各地的新闻，而是挑选中国人会感兴趣或者想让中国人知道的新闻，以便让中国人认识与思考世界形势和中国的处境。《遐迩贯珍》每期登载“近日杂报”即新闻信息专栏，对当时世界最大的国际争端克里米亚战争、引起第二次鸦片战争的“亚罗号”事件、俄国军舰进入香港、日俄亲善条约、日俄友好通商条约的签订过程以及各地海域的海难、海盗等都有追踪报道。该刊从创刊伊始就极为关注美国柏利舰队的动向，连载报道了美国柏利（Matthew Galbraith Perry）舰队 1853～1854 年前往幕僚时期的日本提交美国总统亲笔函要求开港，并最终缔结美日亲善条约的过程。有日本学者做过研究，认为该刊报道内容极为准确[①]。《遐迩贯珍》

① 松浦章：《明清时代东亚海域的文化交流》，郑洁西等译，江苏人民出版社，2009，第 106 页。

迅速传递了东亚海域的动态，让中国人看到世界潮流的顺逆之势。西方中文报刊以丰富的新闻、资讯及评论不断地向中国传达世界尤其是中国周边国家的信息，让中国读者对世界局势和自身所处环境有了全面而客观的了解，对忧患意识、海权意识的形成无疑有相当大的影响。

## 二　早期西方中文报刊传播海洋观的策略

西方传教士面临晚清时期“禁教”“禁海”政策，生存处境艰难。他们在传播西方海洋思想和文化上灵活采用编辑策略，选取传播路径，为以后的西方在华媒体发展起到了示范和榜样作用。

第一，传播姿态上采用中国人视角。

跨文化交流中如果希望其他民族认可与吸收自己的文化，最重要的是取得该民族民众的好感与信任。

早期西方中文期刊介绍地理新知不是以西方人的视角而是以中国人的视角，从中国最近、最熟悉的东南海域出发，沿着中西交通海路依次介绍东西方国家。《东西洋考每月统记传》地理专栏首篇《东南州岛屿等形势纲目》，以“台湾而东南方”为起点，介绍了南洋洲上的岛屿，随后每期的地理文章及其介绍区域是：《吕宋岛等总论》介绍菲律宾吕宋岛；《苏禄屿总论》《芒佳虱大洲总论》《美洛居屿等与吧布阿大洲》《波罗大洲总论》分别介绍菲律宾苏禄群岛、东南洋大岛、东南洋美洛尼岛；《苏门答剌大洲屿等总论》《新埔头或息力》介绍东南亚苏门答腊岛、新加坡一带；《呀瓦大洲麻剌甲》介绍马来西亚马六甲；《暹罗国志略》介绍泰国；《列国地方总论》介绍亚细亚一带；《噶喇吧洲总论》介绍东南洋葛留巴所属岛；《天竺或五印度国总论》介绍印度；《亚非利加浪山略说》介绍好望角；《破路斯国略论》介绍普鲁士；《葡萄牙国志略》《峩罗斯国志略》《法兰西国志略》《荷兰国志略》《瑞典国志略》介绍葡萄牙、俄罗斯、法国、荷兰、瑞典；《教宗地方》介绍罗马等。一系列地理文章清晰有序地呈现了东西洋世界。

西方国家与中国通商是为了获取巨大利益，但是传教士所办中文报刊往往从中国获利的角度鼓励中西贸易往来，也常常会追根溯源讲述西洋商人到中国经商的历史，往来中彼此获益，“金财货盈溢矣”。《东西洋考每月统记传》道光戊戌年二月刊载《贸易》一文，特意安排主人公林兴和梁姓书生对话辩论的情节：梁生作为“孤陋寡闻”的中国人代表认为把中国金银运到南洋置办货物是“损内利外”；林兴则针锋相对地反驳，以自身至新加坡经商获利的经历说明“足民裕国其利甚大”，笔锋一转讽刺当时中国人视“船舶出洋为盗业”实为“坐井观天之见”。这让中国读者在阅读有趣的故事时明白了通商致富的道理。刊物中编者没有过于表现急功近利的思想，而是让读者对主张自由通商的欧美国家产生亲切感，委婉地尝试挑战清政府的限制贸易政策。

第二，传播形式上融合中国传统海洋文化观念。

为收到更好的传播效果，刊物尽量采用中国读者熟悉和习惯的海洋文化传统，比如海路距离使用中国的里为单位计算、登载地图以中国为中心等。《六合丛谈》自第 1 卷 1 号起每期的卷首都刊载每月的天文历，内容依据英国格林尼治天文台官方颁布的《大英航海历书》翻译而来，其经度原本以格林尼治天文台为基准，后换算为以顺天府为基准。

传教士在刊物中使用中国“四海之内皆兄弟也”的传统说法，主张各国之间互通贸易：“中国出茶叶、胡丝、桂皮、樟脑等货甚盛，南国出燕窝、海参、苏木、丁香、胡椒、米等货，西国出金、银、锡、铁、各项羽毛、大呢、洋布、时辰表等货，搜国之根，寻邦之衅，察其形，观其势，就知各国有所缺，又各国有所丰也”，人类“要往来接济，以满其需要”，那么“万国咸宁，则合四海为一家”[①]。编者描绘了全球贸易的远景，将中国古代海洋观中的“四海”改换为“万国”，告诉读者传统中国文化的“天下”是世界万国，而中国只是万国之一国。

第三，传播功能上强化舆论导向。

对于重要的内容议题，尤其是持续时间长并且意义重大的新闻事件，早期西方中文报刊会追踪连续报道，体现出编者勾画完整事态的努力和舆论上的引导。

关于中国劳工远航是《遐迩贯珍》创刊以来一直给予密切关注的专题热点，几乎出现在每一期的新闻报道中。当时大量的中国劳工为了养家糊口漂洋过海，前往美国、澳大利亚、秘鲁等国做苦工。持续、庞大的新闻信息报道了华工出国的规模与流向、海上交通与生活、海外异邦劳作和生

① 黄时鉴：《东西洋考每月统记传》（影印本），中华书局，1997，第 31 页。

活境遇等，再加上登载的通讯、公告、条规以及轮船广告等，详细传达了海外移民真实的海洋体验与认知。传教士利用媒介舆论呼吁政府重视中国人海外移民的问题，要给予保护与制度保障。华工在海外生活异常艰难，被西洋人看作和黑奴一样的下等人，甚至还会遭受驱赶与屠杀。但清政府视而不见，这与欧洲各国移民在政府扶持下不断开拓新的生存空间形成鲜明对比。传教士在评论中诘问："然余更有怪者，凡诸国之人，如有在异邦，被人凌遏者，本国君上，定必行文该处有司，叩其原由，力为申理。今据录内所载，唐人如此受屈，而大清皇帝竟若置之度外，曾未闻有只字相加，关心究问，诚可怪矣！"[①] 对于中国东南海域的海盗问题，传教士通过媒介舆论对清政府"委之外国代除残暴"的做法也表达了质疑和不满："近日海上盗贼蜂起，不可胜数，此皆因官府无制""夫中国须当怀柔远人，今乃反其道而求之远人，此似难解"。[②]

第四，传播方针上采取明确目标、长远计划、多种渠道。

西方传教士出版刊物、编译书籍、兴办学校、设置编译出版机构，忙得不亦乐乎，通过多种渠道有目的、有针对性地传播西方海洋文化。

出版中文刊物向中国人宣传西方人不是"蛮夷"，甚至拥有并不亚于中国人的文明，是传教士的总部伦敦传道会的既定方针。马礼逊于 1807 年在广州踏上中国土地，面临清政府严厉的"禁教"政策，还有中国社会视外国人为"蛮夷"的文化传统，他和同事已达成共识："中国的现状使得印刷出版和在华传教其他几项工作困难重重。"为推动传教活动的开展，他和助手米怜决定在海路便捷通畅、华人居多的马六甲建立面向中国人的布道站："在出版一种旨在传播普通知识和基督教知识的中文杂志，以月刊或其他适当的期刊形式出版。"[③] 在这样的方针指导下，第一份西方中文报刊《察世俗每月统记传》经过筹备成功出版。传教士在马六甲创办英华书院作为传教基地，招收旅居南洋的华侨子弟学习。设置传教基地、创办出版机构、发行中文刊物、出版书籍是西方海洋文明东传的连锁渠道与路径。

---

① 松浦章、内田庆市、沈国威编著《遐迩贯珍：附解题·索引》，上海辞书出版社，2005，第15 页。

② 松浦章、内田庆市、沈国威编著《遐迩贯珍：附解题·索引》，上海辞书出版社，2005，第2 页。

③ 米怜：《新教在华传教前十年回顾》，上海人民出版社，2008，第 161 页。

19世纪前半叶传教士编译出版的海洋著作如马礼逊的《西游地球闻见略传》、米怜的《全地万国纪略》、麦都思的《地理便童略传》、裨治文的《美里哥合省国志略》、慕维廉的《地理全志》《大英国志》、郭实腊的《贸易通志》《万国地理全集》、祎理哲的《地球图说》等，都曾在他们所办报刊上连载又结集成册出版。书籍、刊物可以免费赠阅，郭嵩焘就曾接受过墨海书馆的《六合丛谈》全册。最初传教士的报刊活动仅限于东南亚、中国沿海一带，还是偷偷摸摸地进行，但这并没有阻止刊物向中国境内不断深入。据米怜回忆，其他地方的中国读者只要来信索要即可邮寄，还趁广东省县试、府试和乡试之时由中国人梁发搭乘商船把刊物和其他书籍一起带往广州，在考棚中分送给参加的士大夫们阅读。[①] 传教士出版的书刊为鸦片战争前后的中国人了解海外世界提供了最新资料。

## 三 早期西方中文报刊传播海洋观的背后动机

早期西方中文报刊持续不断地向中国输入西方海洋观，背后的传播动机究竟是什么呢？

不同于面向西方人的英文报刊，西方中文报刊的传播对象是中国人，其报道内容和评论对应着他们的现实需要，隐藏着西方对中国的欲望与期待。笔者以为西方海洋观的传播是对抗晚清朝廷的闭关、“禁教”政策，消解中国中心、天朝上国的观念，以达到建立正常的商贸、外交关系的目的。

中西关系长期的对峙格局是编者传教士们思考的首要因素。从16世纪开始，欧洲人从海路到达中国沿海，积极要求与中国开展海上贸易，但是中西之间始终没有建立起正常的海洋贸易和外交关系。以中英为例，英国东印度公司与中国贸易往来已将近两个世纪，但是大清帝国一直以“天朝”自居，仍然只在广州一地进行海洋贸易，实行的还是古代中国的“宗主-朝贡”体系。

其次，传教士们深深感受到中国从官方到民间普遍存在着顽强的抵制西方的力量。作为西方侵略者的“先头兵”，他们不得不从根源上寻找原因并努力找到解决办法。在他们看来，中国人固有的“天下观”“四海观”堵

---

① 熊月之：《西学东渐与晚清社会》，上海人民出版社，1981，第201页。

塞了中国人了解世界的渠道，“四海之内”以中国为中心的“天下”意识，不断地强化海洋围绕“天朝”的“虚幻空间”。中国官员和群众不仅生活在封闭的自然环境中，也沉迷于自己创造的特殊的文化体系“夷夏大防”，普遍存在着“高傲和排外观念”。他们不仅把西方国家想当然地认作“鬼域”，也用“洋鬼”等鄙视字眼称呼西方人。自认为“无所不有”的“天朝”怎么可能与在地理上仍然概念模糊的“蛮夷”互通有无呢？

再次，早期西方中文报刊的创办者们发现中国人对海外世界的认知还停留在明末清初西方传教士利玛窦来到中国时的水平。在中国蛰居生活的传教士们对中国人的封闭保守有着直接感受。在他们看来，世界大发现之后海洋逐渐扮演起重要的角色，成为国际贸易、环球市场与世界资本的象征，特别是 19 世纪以来航海事业已经改变了西方社会和人民的生活，但是中国人对此一无所知。如何让中国人认识到海洋不是“中央之国”的边缘，中国并非处于“大地之中”，“四海”之外的“我们”并非“蛮夷”，有必要为中国人重新勾画世界图景，建立世界新秩序。

另外，西方传教士经过调查中国沿海区域，发现中国人有着矛盾复杂的精神状态和性格特征：中国人渴慕财富、向往海中宝物，但又自给自足“不屑他求”；中国人好奇海外世界，但又缺乏进取冒险精神；中国人有多种多样的海洋祭祀和崇拜，但又没有明确固定的宗教信仰。传教士对中国人文化秉性和思维习惯的评判不免片面、偏颇，毕竟观察地域狭小，观察对象也仅限于水手、渔民、贩夫走卒等。不过他们所创办的中文刊物倒是歪打正着地把住了中国人的偏好和市场脉搏：明清政府的“海禁”政策禁止了正当的民间海洋贸易，但是加剧了海盗、走私等非法海上贸易的盛行。不明来向的“蛮夷”在中国沿海游弋，海疆战事频发。中国人特别是沿海口岸的知识者不得不穷究这些不是来自传统九州大地的“蛮夷”来自何方、有着怎样的文明。尤其是经历过鸦片战争挨打的苦难后，海洋逐渐成为社会关注的焦点。出于对自己民族切身利益的关切，越来越多的中国人阅读西方中文刊物了解海外，而当时又没有中文的海外新闻，所以早期的西方中文报刊准确地迎合了当时的中国国情和市场。

从第一份中文杂志《察世俗每月统记传》到《六合丛谈》，几十年间负责编辑工作的传教士更换了数位，他们致力于内容、设计、版式等多方面的丰富和改进，但是办刊宗旨从来没有改变过。仅从刊物的命名取意上也可看出："东西洋""各国""中外""遐迩""六合"，让中国读者了解六合内外的世界，认识全球意义上的"天下"。米怜说《察世俗每月统记传》传播天文地理知识是为了与中国人"关于神和宇宙的错误观念"相对抗[①]，这一编辑思想由后来的传教士报刊继承。《南京条约》打开了中国国门，但《六合丛谈》的刊行目的仍是"通商设教，仅在五口，而西人足迹未至者，不知凡几"[②]。开放的港口有限，西方思想依然很难传播，因此出版中文报刊就更有必要了。

## 四　早期西方中文报刊传播海洋观的效果与影响

西方海洋观的传播效果如何？在近代中国产生了怎样的影响？

首先，刊物的传播效果可从发行量上略知一二。以《察世俗每月统记传》为例，创刊后几年内的销量逐年递增：1815 年 3000 份，1816 年 6000 份，1818 年 10800 份，1819 年 12000 份，总计高达 378600 份。《六合丛谈》的发行量更大，最初的发行量是 5000 ~ 5190 份，出版 3 期已很受读者欢迎，有人提前预订了每月 800 多份的全年份额。西方中文报刊的发行区域并不局限于出版地，像《察世俗每月统记传》在马六甲创办，其发行区域"带到中国、交趾支那、暹罗和几乎马来群岛一个中国人聚居地"[③]。《东西洋考每月统记传》虽然在广州创办，也会寄到北京、南京和其他城市。《遐迩贯珍》"读者甚重，且遍及各省"，据说"上至总督巡抚，下至工商士庶，"靡不乐于披览"[④]。发行量的增加和发行区域的扩大，从侧面说明了传教士所办中文报刊产生的影响具有扩大的趋势。明清之际仅有小部分士大夫建立起有世界意识的海洋观，到了晚清先进的中国人已渐渐形成一种群体共识，从中我们不难看出：西方传教士的报刊传播在几十年所做的努力是有成效的。

其次，促进了中国近代先进人士海洋意识的觉醒，开始"睁眼向洋看

---

① 米怜：《新教在华传教前十年回顾》，上海人民出版社，2008，第 75 页。
② 沈国威：《六合丛谈：附解题 · 索引》，上海辞书出版社，2005，第 621 页。
③ 戈公振：《中国报学史》，商务印书馆，1927，第 370 页。
④ 松浦章、内田庆市、沈国威编著《遐迩贯珍：附解题 · 索引》，上海辞书出版社，2005，第16 页。

世界”。海洋是了解世界的媒渠，近代中国认知、走向世界，首先要揭开笼罩在海洋之上的重重迷雾。林则徐面对作为“海上霸主”的西方侵略者，认识到必须“悉夷、师夷、制夷”，他要求“凡以海洋事进者，无不纳之所得夷书，就地翻译”，他多方搜集外国人用中文编印的每一种出版物，聘请在英华书院学习过的袁德辉等人翻译慕维廉的《世界地理大全》，在此基础上编撰《四洲志》。[①] 魏源、梁廷枏、徐继畬等撰写的《海国图志》《海国四说》《瀛环志略》以海洋为框架图说地球各国，都曾参阅征引过《东西洋考每月统记传》等早期西方中文报刊。参与报刊活动的中国士人在与传教士的密切合作中不断接受并学习西方文化，他们的海洋思想又成为晚清洋务运动的主要思想来源。与《六合丛谈》有关系的李善兰、冯桂芬、华蘅芳等人，曾经对朝廷重臣曾国藩、李鸿章在海防建设上有重大影响。王韬在《六合丛谈》工作期间与传教士合作编译过多篇文章，其全球视野与海洋思想的形成得益于早期报刊工作。他与伟烈亚力合译的《华英通商事略》一文被收入《西学辑存六种》，王韬撰写并附上了一篇长达五页半的跋文，详细阐述了通商对于争取国家繁荣富强的重要性，海洋贸易的盛行是国家稳固昌盛的唯一途径。王韬后来自办报刊《循环日报》阐发自己的变革思想。

最后，传教士传播西方海洋观的渠道、策略等为维新派人士、留学生所借鉴与承续。19 世纪前半叶的西方中文报刊至少在这几方面尝试改变中国人的海洋认知：海洋是地球表层的重要构成部分；海洋联结着文明发达的国家；海洋意味着财富；海洋本身是载体。19 世纪 90 年代以后，西方海洋观、海洋文明通过译书、报刊等近代化大众传播媒介以前所未有的姿态涌入中国，在广度、深度上都远超以西方传教士为传播主体的 19 世纪前半期。明治维新前后，中国人自办报刊有影响的多达三十种，这些报刊大多辟有“地理”栏目，登载大量文章译介西方的海防、海权思想学说，文化界普遍反对“株守一隅，自画封域，而不知墙外之有天，舟外之有地”，形成了“旁咨风俗，广览地球，是智者之旷识”的群体共识。近代中国人的海洋观念与民族主义、爱国主义融合在一起，推动了中国社会的近现代转型。

---

① 杨文鹤、陈伯镛：《海洋与近代中国》，海洋出版社，2014，第 308 页。

事物的发展要用辩证的眼光来看，西方传教士的文化思想传播是西方对华战略的一部分，但是纵观晚清以来中国海洋观的发展变迁，我们不能忽略早期西方中文报刊的启蒙意义。西方海洋观的传播作为西学的一部分传入中国，促进了近代中国人海洋意识的觉醒，如第一张多米诺骨牌，推动了近代中国海军的建设、海洋民族企业的创办、近代外交的建立以及现代教育的兴办，引发了中国社会变革的连锁反应。中国从“内陆”走向“海洋”，从“陆国”变为“海国”。

任何思想观念都需要一个过程，特别是已融入中华民族血液、内化为文化心理的“内外之辨、夷夏之防”的传统文化观念。西方传教士们前仆后继、锲而不舍，在长期的跨文化交流中不急于求成而有所“成”，不急功近利而有所“利”，仍让今天的我们深深思索。

# 征稿启事与投稿须知

## 一　征稿启事

《中国海洋社会学研究》是由中国社会学海洋社会学专业委员会主办、上海海洋大学承办的学术集刊，每年出版一卷，致力于中国海洋社会学的学科建设，反映中国海洋社会学界的动态。为此，本集刊力图发表海洋社会发展与变迁、海洋群体、渔村社会、海洋生态、海洋文化、海洋意识、海洋教育、海洋管理等相关领域的高水平论文，介绍和翻译国内外海洋社会研究的优秀成果。诚挚欢迎国内外学者踊跃投稿。

《中国海洋社会学研究》由社会科学文献出版社公开出版。为保证学术水准，《中国海洋社会学研究》采取编委会匿名评审的审稿方式。《中国海洋社会学研究》编委会拥有在本集刊上已刊作品的版权。作者应保证对其作品具有著作权并不侵犯其他个人或组织的著作权。译者应保证译作未侵犯原作者或出版机构的任何可能的权利。来稿须同一语言下未事先在任何纸质或电子媒介上正式发表。中文以外的其他语言之翻译稿，须按要求同时邮寄全部或部分原文稿，并附作者或出版者的书面（包括 E-mail）的翻译授权许可。

任何来稿视为作者、译者已经阅读或知悉并同意本启事的规定。编辑部将在接获来稿一个月内向作者发出稿件处理通知，其间欢迎作者向编辑部查询。

## 二　投稿须知

1.《中国海洋社会学研究》全年接受投稿，并于每年 7 月出版。

2. 论文字数一般为6000～18000字（优秀稿件原则上不限字数）。

3. 投稿须遵循学术规范，文责自负。

4. 来稿论文的正文之前请附中文摘要（200～400字）、关键词（3～5个）。请在文档首页以页下注的形式附作者简介（示例：李四，中国海洋大学法政学院教授，主要研究方向为海洋社会学）。若所投稿件为作者承担的科研基金项目成果，请注明项目来源、名称、项目编号。

5. 参考文献及文中注释均采用脚注。每页重新编号，注码号为①②③……依次排列。多个注释引自同一资料者，分别出注。

6. 本集刊暂不设稿酬，来稿一经采用刊登，作者将获赠该辑书刊2册。

7. 来稿请直接通过电子邮件方式投寄，电子稿请存为word文档并使用附件发送。电子信箱：hyshehuixue@126.com。

图书在版编目(CIP)数据

中国海洋社会学研究. 2021年卷 : 总第9期 / 崔凤主编. -- 北京 : 社会科学文献出版社, 2022.1
ISBN 978-7-5201-9763-2

Ⅰ. ①中… Ⅱ. ①崔… Ⅲ. ①海洋学-社会学-中国-文集 Ⅳ. ①P7-05

中国版本图书馆CIP数据核字(2022)第027799号

中国海洋社会学研究 (2021年卷 总第9期)

主　　编 / 崔　凤

出 版 人 / 王利民
组稿编辑 / 谢蕊芬
责任编辑 / 庄士龙　胡庆英
责任印制 / 王京美

出　　版 / 社会科学文献出版社·群学出版分社 (010) 59366453
地址：北京市北三环中路甲29号院华龙大厦　邮编：100029
网址：www.ssap.com.cn
发　　行 / 社会科学文献出版社 (010) 59367028
印　　装 / 三河市尚艺印装有限公司

规　　格 / 开　本：787mm×1092mm　1/16
印　张：14.25　字　数：228千字
版　　次 / 2022年1月第1版　2022年1月第1次印刷
书　　号 / ISBN 978-7-5201-9763-2
定　　价 / 89.00元

读者服务电话：4008918866